# REINGENIERÍA DE PROCESOS DE
# MANUFACTURA
# INDUSTRIAL

# REINGENIERÍA DE PROCESOS DE
# MANUFACTURA
# INDUSTRIAL

## COLABORACIÓN ENTRE CUERPOS ACADÉMICOS TLAXCALA Y PUEBLA

(ENERO 2021)

JOSÉ VÍCTOR GALAVIZ RODRÍGUEZ
JONNY CARMONA REYES
NOEMÍ GONZÁLEZ LEÓN
LORENA SANTOS ESPINOSA

Número de Control de la Biblioteca del Congreso de EE. UU.:          2020924453
ISBN:          Tapa Blanda                                     978-1-5065-3547-0
                    Libro Electrónico                          978-1-5065-3546-3

Información de la imprenta disponible en la última página.

**Para realizar pedidos de este libro, contacte con:**
Palibrio
1663 Liberty Drive
Suite 200
Bloomington, IN 47403
Gratis desde EE. UU. al 877.407.5847
Gratis desde México al 01.800.288.2243
Gratis desde España al 900.866.949
Desde otro país al +1.812.671.9757
Fax: 01.812.355.1576
ventas@palibrio.com
823755

# ÍNDICE

# CUERPOS ACADÉMICOS PARTICIPANTES RECONOCIDOS POR PRODEP

Universidad Tecnológica de Tlaxcala
UTTLAX-CA-2 - INGENIERIA EN PROCESOS.
UTTLAX-CA-4 MANTENIMIENTO INDUSTRIAL

Universidad Politécnica de Tlaxcala
UPTLAX-CA-10 - DISEÑO Y AUTOMATIZACIÓN
DE PROCESOS DE MANUFACTURA

Universidad Tecnológica de Tehuacán
UTTEH-CA-7 - ACADEMIA DE PROCESOS INDUSTRIALES.

Universidad Tecnológica de Tecamachalco
UTTEPU-CA-5 - OPTIMIZACIÓN DE
PROCESOS INDUSTRIALES.

Universidad Tecnológica de Xicotepec de Juárez
UTXJ-CA-13 - SISTEMAS ELECTRO-INDUSTRIALES.

Instituto Tecnológico Superior de la Sierra Norte de Puebla
ITESNP-CA-1 - CIENCIAS DE LA INGENIERÍA.

Instituto Tecnológico Superior de San Martin Texmelucan.
ITESSMT-CA-5 - OPTIMIZACIÓN DE
SISTEMAS DE MANUFACTURA.
ITESSMT-CA-4-ENERGÍAS RENOVABLES E
INSTRUMENTACIÓN ELECTRONICA

Instituto Tecnológico Superior de la Sierra Negra de Ajalpan.
ITSSNA-CA-1 - TECNOLOGÍA Y
AUTOMATIZACIÓN DE PROCESOS.

## Universidad Tecnológica de Tlaxcala.

Mtro. José Luis González Cuéllar
**Rector.**
Mtra. Rosa Isela Sánchez Rivera
**Secretaria Académica.**
M. en C. Gadiro Cano Lima
**Director de Carrera.**
Ing. Benjamín Hernández Torres
**Director de Carrera.**

## Universidad Politécnica de Tlaxcala

Mtro. Enrique Padilla Sánchez
**Rector.**
Mtra. Fabiola Sue Nava Morales
**Secretaria Académica.**
Mtro. Abdel Rodríguez Cuapio
**Director de Carrera.**

## Universidad Tecnológica de Tehuacán.

Dr. Miguel Ángel Celis Flores
**Rector.**
Mtro. Mario David Fernández Hernández
**Director Académico.**
Ing. Raúl López Huerta
**Director de Carrera.**

## Universidad Tecnológica de Tecamachalco.

Lic. Karina Fernández Patricio
**Rectora.**

## Universidad Tecnológica de Xicotepec de Juárez.

MBA. Gerardo Vargas Ortiz
**Rector.**

**Instituto Tecnológico Superior de la Sierra Norte de Puebla.**

Lic. Pablo Alejandro López Pacheco
**Director General.**

**Instituto Tecnológico Superior de San Martin Texmelucan.**

Mtra. Itzel Rosalía Pimienta Hernández
**Directora General.**
Dra. Alejandra Tovar Corona
**Directora Académica.**

**Instituto Tecnológico Superior de la Sierra Negra de Ajalpan.**

M.V.Z. Augusto Marcos Hernández Merino
**Director General.**

## AUTORES COORDINADORES

JOSÉ VICTOR GALAVIZ RODRÍGUEZ
JONNY CARMONA REYES
NOEMI GONZÁLEZ LEÓN
LORENA SANTOS ESPINOSA

## AUTORES POR CAPÍTULO

Elías Méndez Zapata
Froylan Pérez Serrano
Araceli Vivaldo Vicuña
Benjamín Manuel Hernández Briones
José Luis Méndez Hernández
Araceli Hernández Cruz
Artemio Ramos Zepeda
Héctor Javier Vázquez Fernández
María Cristina Baltazar Ceballos
Ma. de Lourdes Huerta Becerra
Cristina López Saldaña
Edgar Rodrigo Anastacio Fernández
Octavio Salvador García Luna
Rafael López Arroyo
Rocío Ortiz Ramos
Cruz Norberto González Morales
Alan Gerardo Ibarra González
Brian Manuel González Contreras
Leticia Flores Pulido
Javier Hilario Reyes Córdova
David López Conde
Leonardo López Conde
Yuri Dianel Sánchez de la Rosa
Diego Castillo Flores
Carolina Rodríguez González
Haynet Rivera Flores
Roberto Avelino Rosas
Romualdo Martínez Carmona

# CAPÍTULO 1

## INSTRUMENTACIÓN DE UN BRAZO ROBÓTICO CON INTERFAZ GRÁFICA

Elías Méndez Zapata[1], Froylan Pérez Serrano[1] Araceli
Vivaldo Vicuña[2], Benjamín Manuel Hernández Briones[3]

[1]Programa Académico de Ingeniería Mecatrónica, Universidad
Politécnica de Tlaxcala, Avenida Universidad Politécnica,
San Pedro Xalcaltzinco, C.P. 90180, Tlaxcala, México.
[2]Carrera Ingeniería electromecánica, Tecnológico Nacional
de México Campus San Martin Texmelucan, Camino
a la Barranca de pesos S/N, San Lucas Atoyatenco,
San Martín Texmelucan, C.P. 74120. Puebla.
[3]Área Academia Mantenimiento Industrial y Petróleo,
Universidad Tecnológica de Xicotepec de Juárez,
Av. Universidad Tecnológica No. 1000 Tierra Negra,
73080 Xicotepec de Juárez, Puebla, México.

## Resumen

El presente proyecto consiste en la instrumentación eficaz de un
brazo robótico para controlarlo, mejorando la precisión de sus
movimientos y monitorizando su posición, para posteriormente
controlar los movimientos del brazo. Se creó una interfaz gráfica
en la plataforma de Processing que muestra la posición de cada
articulación del brazo y al mismo tiempo ayuda a manipular sus
movimientos. La computadora induce al programa de procesamiento
a enviar instrucciones a la placa Arduino en función del valor de la
perilla virtual que ingresó el operador.

Palabras clave: Arduino, Interfaz gráfica, Instrumentar, Processing,
Brazo robótico, Raspberry

## Abstract

The present project consists in the effective instrumentation of a robotic arm to control it, improving the precision of its movements and monitoring its position, to later control the movements of the arm. A graphical interface was created in the Processing platform that shows the position of each arm joint and at the same time it helps to manipulate its movements. The computer induces the Processing program to send instructions to the Arduino board based on the value of the virtual knob that the operator entered.

Key words: Arduino, Graphical interface, Instrument, Processing, Robotic arm, Raspberry

## Introducción

El uso de instrumentos se remonta al comienzo de la civilización humana. A medida que el hombre se desarrolló, también hubo una necesidad creciente de medir ciertos parámetros que eran necesarios para reducir sus actividades diarias, como el peso, la temperatura, el tiempo o el flujo. Industrialmente, a principios de la década de 1920, el desarrollo formal de la instrumentación se produjo debido a las exigencias de los nuevos procesos industriales, como el refinado de petróleo, la pasteurización de lácteos o la generación de electricidad. La instrumentación ha permitido avances tecnológicos actuales como la automatización de procesos industriales, ya que la automatización solo es posible a través de elementos que pueden medir variables físicas y / o transmitir lo que sucede en el entorno, con el fin de tomar una acción de control pre-programada que actúa sobre el sistema para alterar dicha variable obteniendo el resultado esperado. La instrumentación es el conjunto de ciencias y tecnologías mediante las cuales se miden variables físicas o químicas para evaluaciones y / o acciones basadas en la información obtenida.

Con las características que posee, las implementaciones de instrumentación se pueden realizar en diferentes áreas, procesos, equipos y herramientas, como un brazo robótico, una de las herramientas más utilizadas en la industria actual. Este dispositivo es una de las culminaciones tecnológicas actuales que se vienen desarrollando desde finales del siglo XVIII y principios del XIX, cuando se comenzó a implementar máquinas programadas de control numérico para uso industrial, como una máquina de tejer para la industria textil. en el que se podía elegir el tipo de telar a tejer mediante tarjetas perforadas. Esta máquina fue parte del comienzo de la automatización.

Así, es posible que, a través de la instrumentación, se pueda habilitar un brazo robótico, midiendo variables analógicas y de ubicación, para interpretarlas, evaluarlas y posteriormente alterarlas, resultando en una fácil manipulación del brazo y la automatización opcional del mismo para los procesos y tareas que le corresponde. capaz de llevar a cabo, y por tanto podría ser útil, por ejemplo, para el montaje en una línea de producción, o como prototipo de aprendizaje para configurar una serie de instrucciones a realizar como práctica.

Raspberry: Es un ordenador de bajo coste del tamaño de una tarjeta de crédito desarrollada en el Reino Unido nació con la intención de facilitar la enseñanza de la informática en escuelas. Fue diseñada con el fin de ser lo más barato posible y llegar al máximo de usuarios. Con dimensiones de placa de 8.5 por 5.3 cm. En su corazón nos encontramos con un chip integrado Broadcom BCM2835, que contiene un procesador ARM11 con varias frecuencias de funcionamiento y la posibilidad de subirla (overcloking) hasta 1GHz, un procesador gráfico video ore IV, y distintas cantidades de memoria RAM según el modelo (entre 256MB y 1GB). se conecta a una pantalla y teclado. Es un mini ordenador capaz, que puede ser utilizado por muchas de las cosas que un pc de escritorio hace, como hojas de cálculo, procesadores de texto y juegos. También reproduce videos de alta definición.

Processing es un lenguaje de programación y entorno de desarrollo integrado de código abierto basado en Java, de fácil utilización, y que sirve como medio para la enseñanza y producción de proyectos multimedia e interactivos de diseño digital. Fue iniciado por Ben Fry y Casey Reas, ambos miembros de Aesthetics and Computation Group del MIT Media Lab dirigido por John Maeda.1

Uno de los objetivos declarados de Processing es el de actuar como herramienta para que artistas, diseñadores visuales y miembros de otras comunidades ajenos al lenguaje de la programación, aprendieran las bases de la misma a través de una muestra gráfica instantánea y visual de la información. El lenguaje de Processing se basa en Java, aunque hace uso de una sintaxis simplificada y de un modelo de programación de gráficos.

Arduino es una compañía de desarrollo de software y hardware libres, así como una comunidad internacional que diseña y manufactura placas de desarrollo de hardware para construir dispositivos digitales y dispositivos interactivos que puedan detectar y controlar objetos del mundo real. Arduino se enfoca en acercar y facilitar el uso de la electrónica y programación de sistemas embebidos en proyectos multidisciplinarios. Los productos que vende la compañía son distribuidos como Hardware y Software Libre, bajo la Licencia Pública General de GNU (GPL) y la Licencia Pública General Reducida de GNU (LGPL),1 permitiendo la manufactura de las placas Arduino y distribución del software por cualquier individuo. Las placas Arduino están disponibles comercialmente en forma de placas ensambladas o también en forma de kits, hazlo tú mismo (del inglés DIY: "Do It Yourself").

Los diseños de las placas Arduino usan diversos microcontroladores y microprocesadores. Generalmente el hardware consiste de un microcontrolador Atmel AVR, conectado bajo la configuración de "sistema mínimo" sobre una placa de circuito impreso a la que se le pueden conectar placas de expansión (shields) a través de la disposición de los puertos de entrada y salida presentes en la placa seleccionada. Las shields complementan la funcionalidad del modelo de placa empleada, agregando circuiteria, sensores y módulos de comunicación externos a la placa original. La mayoría de las placas Arduino pueden ser alimentadas por un puerto USB o un puerto barrel Jack de 2.5mm. La mayoría de las placas Arduino pueden ser programadas a través del puerto serie que incorporan haciendo uso del Bootloader que traen programado por defecto. El software de Arduino consiste de dos elementos: un entorno de desarrollo (IDE) (basado en el entorno de processing y en la estructura del lenguaje de programación Wiring), y en el cargador de arranque (bootloader, por su traducción al inglés) que es ejecutado de forma automática dentro del microcontrolador en cuanto este se enciende. Las placas Arduino se programan mediante un computador, usando comunicación serie.

El proyecto Arduino tiene sus orígenes en el proyecto Wiring, el cual surge por el año 2003 como una herramienta para estudiantes en el Interaction Design Institute Ivrea en Ivrea, Italia,2con el objetivo de proporcionar una forma fácil y económica de que principiantes y profesionales crearan dispositivos que pudieran interactuar con su entorno mediante sensores y actuadores. La primera placa Arduino comercial fue introducida en el año 2005, ofreciendo un bajo costo económico y facilidad de uso para novatos y profesionales. A partir de octubre del año 2012, se incorporaron nuevos modelos de placas de desarrollo que empleaban microcontroladores Cortex M3, ARM de 32 bits,3dichos modelos coexisten con los iniciales, que integran microcontroladores AVR de 8 bits. Cabe resaltar que las arquitecturas ARM y AVR no son iguales, por lo cual tampoco lo es su set de instrucciones a nivel ensamblador y por ende algunas bibliotecas realizadas para operar en una arquitectura presentan complicaciones al ser empleadas en la otra. A pesar de lo anterior, todos los modelos de placa Arduino se pueden programar y compilar bajo el IDE predeterminado de Arduino sin ningún cambio, esto gracias a que el IDE compila el código original a la versión de la placa seleccionada. (Herrero y Sánchez, 2015, p. 4).

La siguiente figura 1, representa el sistema creado para el control del brazo robótico:

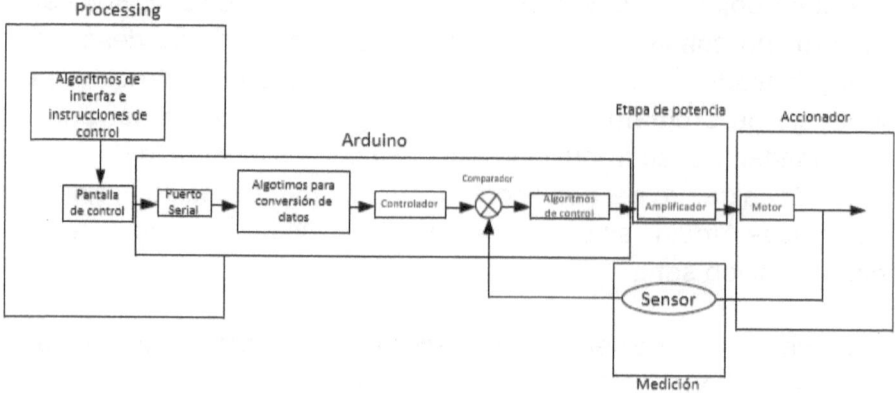

Figura 1. Diagrama de sistema

Algoritmos de interfaz e instrucciones de control: Estos son los algoritmos que brindaran el diseño e imagen a la interfaz, como el algoritmo llamado "evento" el cual estará detectando cado valor enviado al monitor serial por medio de un punto específico de la pantalla.

- Pantalla de control: Proporciona la vista principal de la interfaz de control con menús despegables donde cuenta con algoritmos de visualización y control.
- Puerto Serial: Un puerto COM es un puerto serial en una computadora, que es una ranura que permite la conexión de dispositivos periféricos (como un ratón o un módem) a la computadora a través de un cable. Han sido reemplazados por los pequeños conectores USB (Universal Serial Bus) y en este caso se utilizó un puerto serial virtual para comunicar Processing y Arduino.
- Algoritmos para la conversión de datos: En el programa principal se leen los datos enviados desde Processing y Arduino almacena esos datos en lugares programados de acuerdo al tipo de valor que llegue, en este caso se manejan caracteres del tipo "char".
- Controlador: El controlador se caracteriza por poseer el código que logrará realizar las tareas que se le han asignado, todo esto con la ayuda de sus pines de conexión de tipo analógico para las lecturas y control de señales digitales.

- Comparador: Su tarea es comparar las lecturas de posición del sensor y medir qué tan lejos está de la posición que se le solicita y para esto, el programa toma la decisión de mandar un pulso a dos pines destinados como izquierda o derecha para controlar el giro de un motor en una dirección determinada.
- Algoritmos de control: De acuerdo a la información proveniente del monitor serial, se almacenan direcciones específicas. Estos algoritmos se encargan de mandar los pulsos para activar el motor hacia una dirección determinada.
- Amplificador: Dado que la señal del Arduino va de 0 a 5 volts y nuestros motores necesitan 7 volts, el voltaje es insuficiente, así que se utiliza una etapa de potencia con un Driver l293D, que es un circuito integrado diseñado para controlar motores empleando puente H. Tiene 4 canales, y es capaz de ser configurado para manejar 2 canales y Puente H completos.
- Motor: En esta sección los accionadores son manipulados por todo el sistema de control del tipo lazo cerrado.
- Sensor: Se trata de un potenciómetro acoplado al motor para obtener la posición del mismo. Estos datos son monitoreados por el microcontrolador para definir qué decisión se tomará de acuerdo a lo que el usuario desee.

## Metodología

El primer paso fue experimentar con potenciómetros en las articulaciones del brazo robótico para obtener medidas de las variables de movimiento para poder manipularlas. Para ello con ayuda de Arduino, se realizaron pruebas enviando datos numéricos para observar el ajuste de movimientos de cada articulación, los potenciómetros enviaron valores analógicos de 0 a 1024, con la ayuda de la función "map" se realizó una conversión de estos valores a grados, obteniendo mediciones de la posición de cada articulación, ajustándose a la ubicación requerida mediante los motores a 5v. En esta última parte, se descubrió una caída de tensión en los motores al energizarlos, por esta razón, se adjuntó una etapa de amplificación de potencia para compensarla.

Una vez conocido el método para manipular los valores de ubicación del brazo, se procedió a crear una interfaz gráfica de usuario (GUI) con ayuda del software Processing, para esto se comenzó con crear perillas virtuales (knobs) y deslizadores (sliders) usando la librería "ControlP5". Los valores enviados por Processing son marcas y valores, que Arduino almacena por un breve periodo y define el destino de la señal, es decir a qué articulación lo envía para moverla.

Una vez que Arduino está listo para enviar la señal, ésta pasa primero por el amplificador de potencia para proveer suficiente energía compensando la caída de tensión antes mencionada y mover el motor de destino, así como también hacer posible la inversión de giro del mismo.

Para hacer más práctico el transporte de todo este sistema, se adecuó a una placa y una pantalla táctil de Raspberry, en la pantalla aparece la GUI, mostrando en esta las perillas virtuales con sus deslizadores para facilitar la manipulación al operario.

## Desarrollo estructural

Para el comienzo del proyecto es de vital importancia desarrollar tareas con prioridades y secuencia lógica.

La primera prioridad es la estructura principal. Hacer cambio completo de la estructura y estar continuamente buscando mejoras a la misma. Se estimó un tiempo de 20 días para la elaboración de la estructura.

Material:

- 2 ángulos de acero, grosor 3mm
- 2 ángulos de acero, grosor 3mm
- 4 piezas de tubo rectangular de acero, grosor 2 mm
- Hoja MDF de grosor 15mm
- 300ml de Tinta color Guinda.
- 1 kilo de Soldadura 6013 1/8"
- 2 discos laminados

- 2 discos de corte
- Tornillería de ¼" x ½ galvanizada correspondiente de arandelas, rondanas presión y tuercas.

El segundo paso fue aplicar los cortes necesarios para dar con exactitud a las medidas necesarias en caso los ángulos y el tubo rectangular. Una vez ya los cortes se aplicaron los puntos de uniones mediante soldaduras apoyados de una escuadra para facilidad y mejorar el lineamiento de la estructura. Terminada todas las uniones de la estructura se aplicó el corte a la medida a la hoja de MDF con ayuda de serrucho eléctrico. Y de manera inmediata se colocó sobre la estructura. Obteniendo resultados positivos en el armado de la estructura principal.

**Evidencias de la creación de la estructura principal.**

Figura 2. Construcción de la estructura

# Desarrollo de circuitos electrónicos

Materiales:

- Drivers L293D
- PIC16F877A
- Programador Pickit 3
- Placa PCB 10*10

## Control de Motores de CD (Driver LD293D).

El circuito integrado L293D incluye en su interior 4 drivers o medio puente H. La corriente máxima que el L293D puede manejar es de 600 mA con voltajes desde 4.5 volts a 36 volts.

El L293D es un driver de 4 canales capaz de proporcionar una corriente de salida de hasta 600mA por canal y puede soportar picos de hasta 1.2 A. Cada canal es controlado por señales TTL y cada pareja de canales dispone de una señal de habilitación para conectar o desconecta las salidas de los mismos.

Tiene la disponibilidad de poder utilizar dos tensiones diferentes, una para el propio circuito integrado y otra para la alimentación del motor, cosa que nos facilita, al poder tomar la alimentación del Circuito Integrado (C.I.) del pin +5 v de Arduino y utilizar una batería auxiliar para la alimentación del motor o motores.

- Tensión de alimentación VCC1                                  36 V
- Tensión de salida, VCC2                                        36 V
- Voltaje de entrada máx.                                         7 V
- Rango de voltaje de salida                          -3 V a VCC2 + 3 V
- Corriente continua de salida por Canal                     ± 600 mA
- Pico de corriente de salida por Canal (no repetitivos, t ≤ 100 ms).                                          ± 1,2 A
- Disipación total continua a 25 ° C                        2.075 mW
- Disipación total continua a 80 ° C                        5.000 mW
- Temperatura de la unión máxima                           150 ° C
- Temperatura de Almacenamiento                     -65 ° C a 150°C

## Tabla 1. Configuraciones de pines

| PIN | Nombre | Descripción |
|-----|--------|-------------|
| 1 | EN 1 y 2 | Habilitación de los Canales 1 y 2 |
| 2 | 1 A | Entrada Canal 1 |
| 3 | 1 Y | Salida Canal 1 |
| 4 | GND | Tierra o Masa |
| 5 | GND | Tierra o Masa |
| 6 | 2 Y | Salida Canal 2 |
| 7 | 2 A | Entrada Canal 2 |
| 8 | VCC 2 | Alimentación del Motor |
| 9 | EN 3 y 4 | Habilitación de los Canales 3 y 4 |
| 10 | 3 A | Entrada Canal 3 |
| 11 | 3 Y | Salida Canal 3 |
| 12 | GND | Tierra o Masa |
| 13 | GND | Tierra o Masa |
| 14 | 4 Y | Salida Canal 4 |
| 15 | 4 A | Entrada Canal 4 |
| 16 | VCC 1 | Alimentación del Circuito |

Configuración para control de motores figura 3.

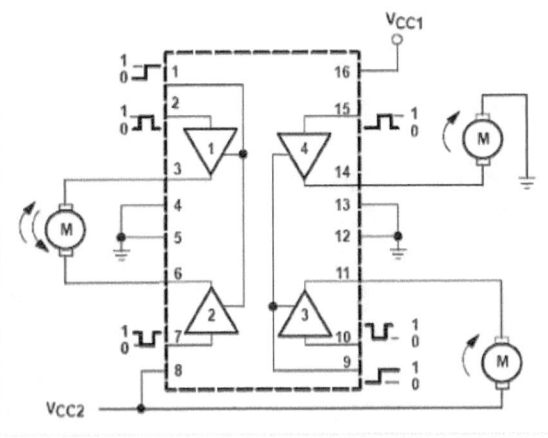

Figura 3. Configuración para motores

11

## Desarrollo para el control de posición de brazo robótico con motores DC.

En este proyecto se busca crear un sistema automatizado, para la realización de un proceso manufacturo con la finalidad de hacer pruebas y para determinar el tiempo en el que se realiza una acción, la celda de manufactura está controlada por una interfaz gráfica creada desde cero con lenguaje de programación en java, todo esto gracias a la plataforma llamada processing y arduino, processing como la parte de visualización y arduino como el microcontrolador de todo el proceso que se llevara a cabo en este proyecto.

Processing: Es un lenguaje de programación y entorno de desarrollo integrado de código abierto basado en Java, de fácil utilización, y que sirve como medio para la enseñanza y producción de proyectos multimedia e interactivos de diseño digital.

Desarrollo para el sensor de proximidad figura 4.

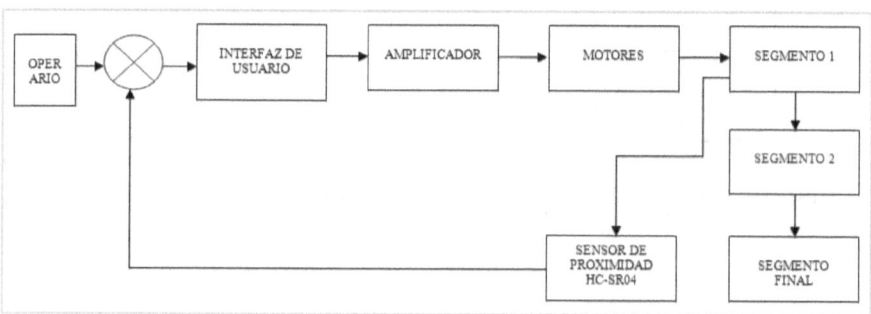

Figura 4. Diagrama de control de lazo cerrado

La celda de manufactura se compone de tres segmentos, cada segmento cuenta con una banda transportadora y un brazo robótico. Uno de los procesos básicos a desempeñar es la transferencia de una pieza a través de los tres segmentos, con ayuda de una interfaz digital. Este sistema de control es de lazo cerrado, integrando un sensor de proximidad que procure un bucle en la tarea a desarrollar: si el sensor detecta la presencia de objetos en un rango establecido, el proceso continúa hasta que no haya más piezas.

12

Primero se conecta el sensor HC-SR04 al Arduino a través del Protoboard con ayuda de los Jumpers: el pin VCC del sensor se conecta a la salida 5v del arduino, el pin TRIGG al pin digital 10, ECHO al pin digital 9, GND del sensor al GND de la placa, la salida digital 11 del arduino a la pata positiva del led, y su otro extremo a GND, finalmente el arduino se conecta al pc con su cable USB.

El segundo paso consta de calibrar el sensor, para esto, una vez cargado el código, se coloca un objeto frente a éste para observar el comportamiento del led (colocado como salida) de acuerdo a la distancia en que se encuentre el objeto respecto al sensor.

El código hace que el sensor mande un pulso de 40 KHz que rebota en el objeto que se encuentre al frente, calculando su distancia en base al tiempo en que él puso tarda en regresar. De esta manera se establece un rango de distancia a la que el sensor envíe una señal a una salida, en éste caso a un led, pero puede enviar una señal a los amplificadores para que el proceso de transferencia entre segmentos de la celda continúe siempre y cuando se detecten objetos dentro del rango que se haya establecido en el código.

## Resultados del sensor de proximidad

Con la calibración introducida en el código, se pudo lograr el comportamiento deseado: mandar una señal HIGH a la salida (en este caso el led) si el objeto se encuentra a menos de 15 cm de distancia del sensor, y una señal LOW si dentro de ese rango de 15 cm no se encuentra nada.

Con el comportamiento obtenido se determinó que la integración del sensor HC-SR04 como sensor de proximidad puede resultar útil, pues si detecta un objeto dentro de un rango establecido, puede mandar una señal que indique que el proceso de transportación de material a través de los segmentos de la celda de manufactura, activando las bandas transportadoras y los brazos robóticos, volviéndolo un proceso de lazo cerrado, y deteniéndose en el momento en el que no detecte objetos dentro de este rango en el segmento inicial.

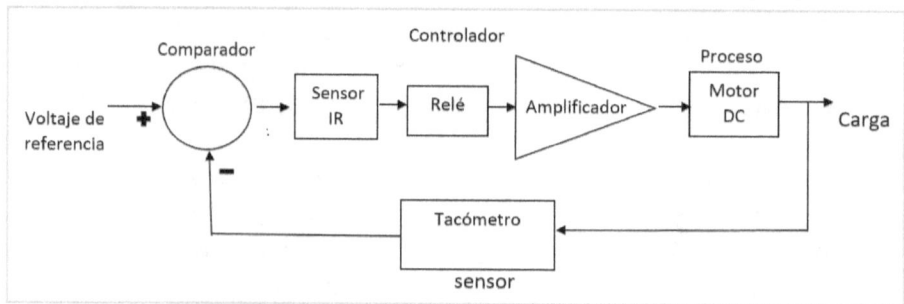

Figura 5. Diagrama de control de lazo cerrado

Desarrollo para sensor óptico infrarrojo (CNY70) figura 5.

Parte de la celda de manufactura de gran importancia es la Banda Transportadora, la cual ira con sintonía del brazo automatizado, que, al colocar la pieza en la banda, con ayuda del Sensor IR (Sensor CNY70) de obstáculos (Sensor para detección de obstáculos, pensado para pequeños robots móviles. Utiliza un sensor de infrarrojos para detectar cualquier cosa a una cierta distancia de nuestro camino) al detectar la pieza, enviara voltaje a un Relé; este mandara la señal a dos dependientes que son: un amplificador que será el encargado de regular la velocidad del motor. ya mencionado, el segundo dependiente es el motor. Una vez ya con voltaje gracias al Relé, comienzan este con revoluciones funcionales y hacen interactuar a las poleas que moverán a carga (poleas y bandas). El tacómetro hará función de revisión de las velocidades del motor si son las adecuadas manda de nuevo a accionar, de caso contrario este no dejara que siga el lazo figura 6.

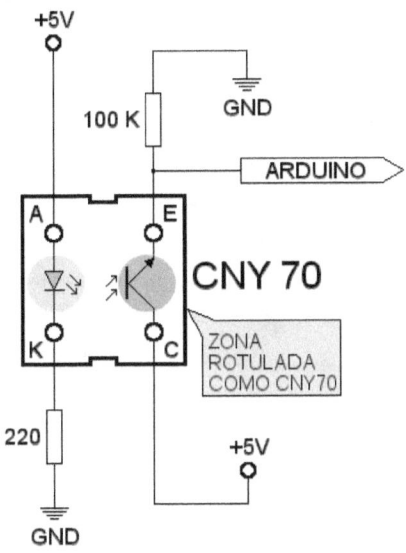

Figura 6. CNY70 Circuito

Ya ejecutando el software arduino, comencé a programar con los conocimientos ya obtenidos anteriormente. Ya con el código del programa completo, se necesita compilar para determinar si hay algún error dentro del programa. En el comienzo de la línea en void setup, comenzamos con la comunicación serial. Esto es para recibir los datos del sensor con el arduino. Void loop, es lo que se repite indefinidamente... es por eso que se coloca en la primera línea el código de imprimir, lo que se encuentra entre comillas (lectura) será el texto que arrogará en monitor serie y el espacio que sigue de la palabra entre comillas será la señal que tendrá el sensor (se mostrará en la misma línea), esta se mostrará en el mismo apartado de monitor serie y serial plotter. La línea que sigue es para leer los datos atreves de nuestro PIN analógico (A0), y de la misma manera dará salida a la pantalla los datos atreves del monitor serial. Este también cumple con la función de abrir una nueva línea gracias a "ln" de la instrucción. En la línea que sigue solo es para darle el retardo entre tiempos de lectura figura 7.

Figura 7. Radiación infrarroja

Ya solo corroboré con la gráfica que me mandara los pulsos al yo poner algún objeto. Y con esto finalizo mi prueba del sensor, que el objetivo es diseñar un sistema de detección de objetos.

## Resultados y discusión

De acuerdo a las instrucciones de movimiento que el usuario ingresa para el control de cada articulación el brazo tarda un aproximado de dos segundos en realizar el movimiento, sin embargo, el desplazamiento es preciso. Así pues, se obtiene un sistema práctico e intuitivo, que cualquiera puede utilizar. Gracias a los diferentes algoritmos utilizados para el manejo de la interfaz con los diferentes elementos del brazo articulado se logró obtener una precisión suficiente en la primera etapa. Otro elemento que permitió el manejo de la posición fue el ensamble entre la parte mecánica y los potenciómetros ya que estos permiten definir la posición de manera analógica la cual puede ser utilizada como una retroalimentación en un sistema de control en lazo cerrado, permitiendo la aplicación de diferentes algoritmos de control que pueden ser utilizados en modo experimental para mejorar la posición que se solicita desde una interfaz gráfica desarrollada en cualquier software de diseño. Los sistemas de impresión 3D son un gran avance para el desarrollo de sistemas a nivel prototipo por lo que se facilita el diseño mecánico de una gran variedad de piezas las cuales acopladas a sistemas electrónicos permiten la creación de sistemas complejos El diseño y sus componentes, aunque prácticos, pueden seguir siendo mejorados, como utilizar sensores Flex en lugar de potenciómetros, también disminuir el tiempo de respuesta del brazo cuando se le introduce una instrucción en la interfaz. Al tratarse de un sistema creado en softwares libres, nuevas condiciones o algoritmos pueden ser introducidos para ajustar el programa a distintas necesidades.

## Conclusiones

Esta investigación nos permitió desarrollar una gran cantidad de conocimiento desde el manejo de los sistemas CAM para el diseño de las diferentes piezas mecánicas que sirvieron para el acople de los sistemas de referencia de las diferentes posiciones del brazo robótico, o cual fueron diseñados y analizados mediante un análisis de elemento finito e impresos con materiales biodegradables, también se ocupó un sistema de control como primera etapa con un procesador de gama malata como lo es un sistema Raspberry el cual al interactuar con un software de open source la suma de todos estos elementos gráficos permitió la integración de todos los elementos para diseñar una primera etapa de una celda de manufactura la cual será un módulo didáctico con el fin de poder simular procesos de manufactura de manera más realista.

## Referencias bibliográficas

José Carlos Herrero Herranz, Jesús Sánchez Allende. (2015). UNA MIRADA AL MUNDO ARDUINO. Madrid: Separata.

Juan V. Capella. (2015). Programando en Java Raspberry Pi (RPi). Valencia: Universidad Politécnica de Valencia.

Casey Reas, Ben Fry. (2007). Processing: A Programming Handbook for Visual Designers and Artists. London, England: MIT Press.

Ignacio Bulioli, Jaime Pérez Marín. (2013). Processing: Un lenguaje al alcance de todos. Londres: MIT Press.

# CAPÍTULO 2

## MEJORA EN EL SISTEMA MECÁNICO DEL CABESTRANTE

José Luis Méndez Hernández[1], Araceli Hernández Cruz[1],
Artemio Ramos Zepeda[2], Héctor Javier Vázquez Fernández[3]

[1]Carrera Ingeniería Industrial, Tecnológico Nacional de
México Campus San Martin Texmelucan, Camino a la
Barranca de pesos S/N, San Lucas Atoyatenco, San
Martín Texmelucan, C.P. 74120. Puebla. México.
[2]Carrera Mantenimiento Industrial, Universidad Tecnológica
de Tehuacan, Prolongación de la 1 sur No. 1101 San Pablo
Tepetzingo C.P. 75859. Tehuacán Puebla. México.
[3]Ingeniería En Procesos y Operaciones Industriales,
Universidad Tecnológica de Tlaxcala, Carretera a Él Carmen
Xalpatlahuaya S/N Huamantla Tlaxcala, C.P. 90500, México.

## Resumen

En este artículo se muestran los trabajos de investigación y
actividades realizadas para mejorar el sistema mecánico de un
cabrestante mediante un tratamiento térmico que le otorgará dureza,
resistencia y elasticidad. SolidWorks se utilizó para la simulación
de la resistencia y la estructura del método de elementos finitos de
componentes mecánicos. Se realizaron dos simulaciones, una de
ellas en el estado original del sistema mecánico. Para determinar
cuáles son las piezas que generaron mayor resistencia en el
mecanismo. Una vez realizado el tratamiento térmico, se realizó
la segunda simulación que mostró que la resistencia del material
cambió. Los resultados mostraron que las piezas a las que se aplicó
este proceso térmico son más resistentes a la fatiga, con el fin de
que el mecanismo mejore la vida útil y su eficiencia. En todos los
invernaderos uno de los aspectos importantes es el cabrestante,

este equipo es fundamental en la ventilación, para controlar el paso del aire y la temperatura.

Palabras clave: Tratamiento, Térmico, SolidWorks, Análisis.

## Abstract

This article shows the research work and activities carried out to improve the mechanical system of a winch by means of a heat treatment that will give it hardness, resistance and elasticity. Solidworks was used to simulate the strength and structure of the finite element method of mechanical components. Two simulations were carried out, one of them in the original state of the mechanical system. To determine which are the parts that generated the greatest resistance in the mechanism. Once the heat treatment was carried out, the second simulation was carried out which showed that the resistance of the material changed. The results showed that the parts to which this thermal process was applied are more resistant to fatigue, in order for the mechanism to improve its useful life and its efficiency. In all greenhouses one of the important aspects is the winch, this equipment is essential in ventilation, to control the passage of air and temperature.

Keywords: Treatment, Thermal, SolidWorks, Analysis.

## Introducción

La agricultura es la actividad agraria que comprende todo un conjunto de acciones humanas que transforma el medio ambiente natural, con el fin de hacerlo más apto para el crecimiento de las siembras. Es el arte de cultivar la tierra refiriéndose a los diferentes trabajos de tratamiento del suelo y cultivo de vegetales normalmente con fines alimenticios o a los trabajos de explotación del suelo o de los recursos que este origina en forma natural o por la acción del hombre: cereales, frutas, hortalizas, pasto, forrajes y otros variados alimentos vegetales.

El comienzo de la agricultura se encuentra en el periodo neolítico cuando la economía de las sociedades humanas evoluciona desde la recolección, la caza, y la pesca a la agricultura y la ganadería.

El invernadero tiene por objeto la obtención de productos vegetales que son básicos para la alimentación y además materias primas destinadas a la industria. Las primeras plantas cultivadas fueron el trigo y la cebada. Sus orígenes se pierden en la prehistoria y su desarrollo se gesta en varias culturas que la practicaron de forma independiente como las que surgen en el denominado creciente fértil (zona de oriente próximo desde Mesopotamia al antiguo Egipto), las culturas pre colombianas de América central, la cultura desarrollada por los chinos al este de Asia, entre otras.

En todos los invernaderos uno de los aspectos importantes es el malacate ya que este equipo es indispensable para el buen funcionamiento de las cortinas ya que es el encargado de subir y bajar las cortinas es el encargado de la ventilación, controlar el paso de aire, temperatura además es un equipo con muchos problemas tiene mucho desgaste y poca lubricación en este proyecto se realizará varias modificaciones a través de templados en los engranes para disminuir el desgaste se lograra realizar un cambio de bujes por baleros ya que para esto se realizara mediante un acoplamiento para baleros para que su desempeño sea mejor y disminuir el costo en el invernadero de estar comprando y cambiando a cada año.

**Parte I.** Se refiere al diagnóstico que caracterizará la investigación a través del planteamiento del problema, justificación, objetivos generales, objetivos específicos.

**Parte II.** Consiste en la búsqueda de información técnica y científica que permita presentar los aspectos generales y teóricos referentes de un malacate para tener un conocimiento más a fondo de todas sus partes.

Los sistemas mecánicos son esenciales en la industria y en la vida diaria, ya que conducen a un trabajo eficiente. Las características mecánicas de un material dependen tanto de su composición química como de su estructura cristalina. Los tratamientos térmicos modifican esta estructura sin la composición química, mediante un proceso sucesivo de calentamiento y enfriamiento hasta lograr la estructura cristalina deseada. Estos sistemas se encuentran en todo nuestro entorno, en nuestro caso utilizaremos un cabrestante para facilitar el trabajo que se realiza en la cortina de un invernadero, determinando así el análisis de la mejora del sistema mecánico del cabrestante manual. Entre las características más importantes se encuentra la resistencia al desgaste, que ofrece un material que se deja erosionar al entrar en contacto con otro material por fricción. Por eso se eligió el tratamiento térmico en primer plano. Este proyecto se basa en una mejora del cabrestante, los engranajes se calentarán y enfriarán en agua para aumentar la dureza del acero, este es un tratamiento térmico llamado templado.

Solidworks es un software de diseño CAD en 3D (diseño asistido por computadora) para modelar piezas y ensamblajes en 3D y dibujos en 2D. Ofrece la posibilidad de crear, diseñar, simular, fabricar, publicar y gestionar los datos del proceso de diseño.

El análisis de elementos finitos es un método numérico ampliamente utilizado en ingeniería para resolver problemas descritos por una serie de ecuaciones diferenciales parciales. Este tipo de problemas se encuentran comúnmente en diseño mecánico, acústica, electromagnetismo, mecánica de fluidos, entre otros estudios y específicamente en mecánica.

La aparición de fallas y averías en los componentes de cualquier empresa trae consigo la disminución de los beneficios que pudieran ofrecer en su vida útil Aquellas averías que dan lugar a la indisponibilidad del proceso provocan una merma de ingresos y así mismo, originan un incremento de los costos de mantenimiento, ya que como mínimo, habrá que reparar o sustituir el equipo averiado. Es necesario establecer cuales fallas afectan su operatividad para así, establecer las acciones preventivas adecuadas.

En el malacate se presenta diversas fallas que nos afecta en el invernadero como ocurre con un desgaste prematuro en componentes como son los engranes los bujes y baleros afectando su desempeño. Arrojando muchas fallas y afectaciones en el invernadero debido a que por esto no tendrá la ventilación adecuada al no poder abrir la cortina que está ubicada a un costado del invernadero y es esencial para permitir la ventilación y hacer que la cosecha sea buena y de calidad.

Con el continuo remplazo del equipo se generan pérdidas en gastos debido a no tener reparación por ello se busca la manera de dar una mejora al malacate para alargar su vida útil.

El malacate presenta paradas imprevistas, debido a Desgaste de engranaje y Palanca de freno desajustado y mucho problema que son evidentes.

Al observar el malacate hay evidencias de:

1. Sellos dañados.
2. Línea de lubricación obstruida
3. Entrada de lubricante a discos.
4. Juego excesivo de rodamientos.
5. Roturas de componentes.
6. Cadena desajustada.
7. No frena adecuadamente.

Al realizar la matriz para clasificar las fallas detectamos cuales son las críticas a resolver como lo apreciamos en la tabla 2 y figura 8 siguientes.

Tabla 2. Matriz de Vester para determinar fallas críticas

|  | Mejora de malacate | P1 | P2 | P3 | P4 | P5 | P6 | total |
|---|---|---|---|---|---|---|---|---|
| P1 | Desgaste de engranes | 0 | 1 | 2 | 2 | 2 | 2 | 9 |
| P2 | juego en buje | 0 | 0 | 2 | 2 | 1 | 1 | 6 |
| P3 | Torsión de la estructura | 1 | 1 | 0 | 2 | 2 | 1 | 7 |
| P4 | Costo | 2 | 1 | 2 | 0 | 0 | 2 | 7 |
| P5 | soporte de carga | 2 | 2 | 1 | 0 | 0 | 2 | 7 |

| P6 | Roturas de componentes | 2 | 2 | 1 | 2 | 1 | 0 | 8 |
|----|------------------------|---|---|---|---|---|---|---|
|    | Total                  | 7 | 7 | 8 | 8 | 6 | 8 |   |

0 = No afecta
1= Afecta medianamente
2=Afecta totalmente

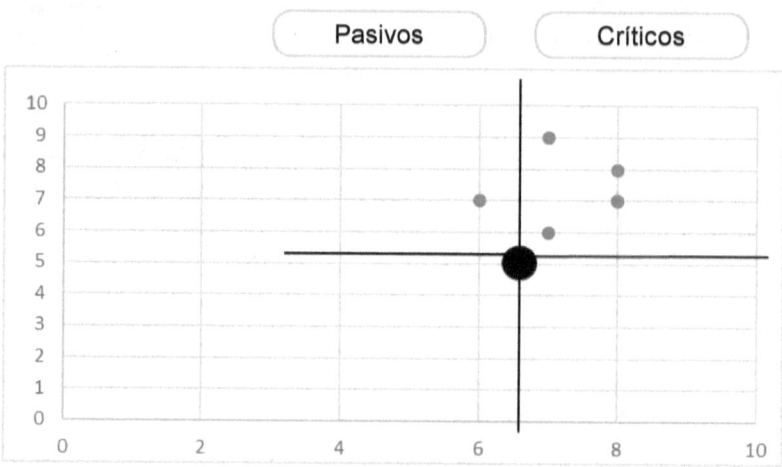

Figura 8. Grafico Vester

# Tratamiento térmico a engranajes

El tratamiento térmico es esencial para mejorar tanto la superficie como la dureza del núcleo del engranaje, mejorando su capacidad para resistir el esfuerzo de tracción, mejorar la resistencia y reducir el desgaste.

### Templado

Su finalidad es aumentar la dureza y la resistencia del acero. El endurecimiento produce una estructura granular fina que aumenta la resistencia a la tracción (tensión) y disminuye la ductilidad. El acero al carbono para herramientas se puede endurecer al calentarse hasta su temperatura crítica, la cual se adquiere aproximadamente entre los 790 y 830 °C, lo cual se identifica cuando el metal adquiere el color rojo cereza brillante. Los factores importantes en el tratamiento térmico son la temperatura, el tiempo de permanencia y la velocidad de enfriamiento.

## Temple al agua

Las piezas a templar en agua que ya han sido calentadas y mantenidas a 820 °C durante el tiempo (t) calculado, serán retiradas con tenazas calentadas previamente al soplete o en una mufla de precalentamiento y sumergidas rápidamente en un baño de salmuera (sal disuelta en el agua hasta la saturación). El agua de temple debe estar limpia y a una temperatura vecina a 20 °C. Las probetas serán agitadas en el baño enfriador hasta que su temperatura disminuya a unos 100 °C.

## Ensayo de dureza - Vickers

La dureza Vickers (HV) se calcula midiendo ópticamente las longitudes diagonales de la impresión dejada por el penetrador. Las mediciones se convierten en HV mediante una fórmula:

$$D = (D1+D2) / 2,$$
$$HV = (1,854*P) / D.$$

## Método de elementos finitos.

La aplicación del método de elementos finitos por medio de solidworks Simulation permite la minimización o la maximización de la masa, volumen, energía tensional, esfuerzo tensional, fuerza, desplazamiento, velocidad, etc. Como condiciones de carga se pueden aplicar al sistema cargas puntuales, presión, térmicas, gravedad, centrífugas estáticas, gravedades dinámicas, entre otras.

## Cálculo de engranajes: ideas esenciales en tus transmisiones mecánicas

Los engranajes son el componente fundamental en un amplio número de mecanismos de control del movimiento, así como en transmisiones mecánicas y electromecánicas. En este artículo recogemos los elementos clave que ayudarán en el diseño de engranajes para tus proyectos. En concreto haremos hincapié en su terminología, en las fórmulas de engranajes e, incluso, en aspectos relacionados con el diseño de engranajes que te ayudarán a evitar fallas prematuras y a realizar un óptimo cálculo de engranajes.

En multitud de aplicaciones, las transmisiones por engranajes se encargan de transferir el par de torsión idóneo desde un elemento motor; siendo de hecho los sistemas de transmisión más constantes, fuertes y resistentes. Además, destacan por la gran eficiencia con la que entregan la potencia, limitando las pérdidas de energía debido al menor rozamiento entre sus superficies.

- Relación de transmisión: Básicamente se trata de la relación entre las velocidades de rotación de dos engranajes conectados entre sí, donde uno de ellos ejerce fuerza sobre el otro. Esta relación surge fruto de la diferencia de diámetros de ambas ruedas, denominándose piñón aquella con un diámetro más reducido. Básicamente, este factor implica una diferencia entre velocidades de rotación de los dos ejes. De esta forma, y teniendo en cuenta el engrane del engranaje y piñón, la relación de transmisión se calcula a partir del número de dientes del engranaje dividido por el número de dientes de su piñón.
- Diámetro de paso: Determinado a partir del número de dientes y la distancia central a la que operan los engranajes.
- Paso base: Paso medido sobre la circunferencia base de generación de la evolvente.
- Distancia al centro: Equivalente a la suma del diámetro de paso del piñón y el diámetro de paso dividido por dos.
- Paso primitivo: Distancia circular desde un punto de un diente de engranaje a un punto del siguiente diente, tomado a lo largo del círculo primitivo. Dos engranajes deben tener el mismo círculo primitivo para engranar entre sí.
- Paso diametral (o módulo): Una medida normativa del tamaño de los dientes. Se trata del número de dientes por pulgada del diámetro de paso. El incremento en el tamaño

de los dientes reduce el paso diametral. Por lo general, los pasos diametrales fluctúan entre 25 y 1.

- Distancia de montaje (D): Es la distancia entre la intersección del eje del engranaje con la línea del ángulo primitivo y un punto de referencia del engranaje. Respetar esta distancia implica asegurar un correcto montaje y uso de los elementos dentados.
- Ángulo de perfiles (ángulo de presión): La pendiente del diente de engranaje en la posición del paso diametral. Si el ángulo de presión es 0, el diente es paralelo al eje de la rueda, lo que le convierte en un engranaje de dientes rectos.
- Ángulo de la hélice: Representa la inclinación del diente en una dirección longitudinal. Siempre que el ángulo de la hélice sea de 0 grados, el diente es paralelo al eje de la rueda, por lo que hablaríamos también de un engranaje de dientes rectos.

Dominar estos conceptos es fundamental para el correcto cálculo de engranes. A continuación, una vez definidas estás cuestiones, podremos determinar los tipos de engranajes que mejor encaja con nuestra transmisión. Es importante que atendamos a las propiedades o particularidades de cada uno.

por lo general el diseño y cálculo se articula sobre estos elementos fundamentales tabla 3:

Tabla 3. Módulo de engranajes y pasos estandarizados

| Modulo m | paso | Modulo m | Paso | Modulo m | paso |
|---|---|---|---|---|---|
| 0.5 | 1.571 | 2 | 6.284 | 6 | 18.850 |
| 0.55 | 1.727 | 2.25 | 7.069 | 6.5 | 20.420 |
| 0.6 | 1.885 | 2.5 | 7.854 | 7 | 21.991 |
| 0.7 | 2.199 | 2.75 | 8.639 | 8 | 25.133 |
| 0.8 | 2.513 | 3 | 9.425 | 9 | 28.274 |
| 0.9 | 2.827 | 3.25 | 10.210 | 10 | 31.416 |
| 1 | 3.142 | 3.5 | 10.996 | 11 | 34.557 |
| 1.125 | 3.534 | 3.75 | 11.781 | 12 | 37.699 |
| 1.25 | 3.927 | 4 | 12.556 | 14 | 43.982 |
| 1.375 | 4.320 | 4.5 | 14.137 | 16 | 50.265 |
| 1.5 | 4.712 | 5 | 15.708 | 18 | 56.549 |
| 1.75 | 5.498 | 5.5 | 17.279 | 20 | 62.832 |

- Número de dientes (Z): Valor fundamental del engranaje.
- Diámetro primitivo (Dp): Otro elemento clave del engranaje y punto de partida para el cálculo de las transmisiones. Su valor se relaciona con el número de dientes (Z) y el módulo del engranaje.
- Módulo (M): Este parámetro identifica a un grupo de engranajes y de él se desprenden las dimensiones de los dientes y de todo el engranaje.
- Diámetro exterior (De): Es la distancia medida entre las puntas de dos dientes diametralmente opuestos. Su valor depende de (Z), (M) y del ángulo del primitivo.
- Paso (P): Es la distancia entre puntos iguales de dos dientes consecutivos medida sobre el diámetro primitivo. Si multiplicamos el paso (P) por (Z) tendremos el valor del diámetro primitivo (Dp).
- Ángulo de cabeza de diente (Beta): Ángulo medido desde el ángulo primitivo al exterior del engranaje. Este ángulo depende del ángulo primitivo y de (Z).
- Ángulo de pie de diente (Gama): Valor especificado en tablas en función del ángulo de cabeza de diente.
- Ángulo primitivo (Alfa): Angulo utilizado para el diseño del engranaje y sobre el que se sitúa el diámetro primitivo (Dp). Su valor se relaciona con la relación de transmisión, siendo 45° para una transmisión de relación 1:1.
- Distancia de montaje (D): Es la distancia entre la intersección del eje del engranaje con la línea del ángulo primitivo y un punto de referencia del engranaje. Si respetamos esta distancia aseguraremos un óptimo montaje y uso de los dientes tabla 4.

## Tabla 4. Fórmulas de engranajes

| Engranajes cónicos de dientes rectos para la rueda | | | |
|---|---|---|---|
| Elementos de las ruedas | Normal | Corregido* | Rebajado |
| Módulo | m | m | m |
| Número dientes | z | z | z |
| Diámetro primitivo | dp = zm | dp = zm | dp = zm |
| ½ ángulo cono primitivo | $\mathrm{tg}\,\alpha = \dfrac{z}{}$ | $\mathrm{tg}\,\alpha = \dfrac{z}{}$ | $\mathrm{tg}\,\alpha = \dfrac{z}{}$ |
| Addendum | a = m | a = (1-x) m | a = 0,8 m |
| Dedendum | b = 1,167 m | b = (1,167 + x) m | b = 0,934 |
| Diámetro exterior | de = dp + 2a cos α | de = dp + 2a cos α | de = dp + 2a cos α |
| Generatriz | $l = \dfrac{mz}{}$ | $l = \dfrac{mz}{}$ | $l = \dfrac{mz}{}$ |
| Angulo addendum | $\mathrm{tg}\,\beta = \dfrac{2\,\mathrm{sen}\,\alpha}{}$ | $\mathrm{tg}\,\beta = \dfrac{2(1-x)\,\mathrm{sen}\,\alpha}{}$ | $\mathrm{tg}\,\beta = \dfrac{0,8\,\mathrm{sen}\,\alpha}{}$ |
| Angulo dedendum | $\mathrm{tg}\,\gamma = \dfrac{2\cdot1,167\,\mathrm{sen}\,\alpha}{}$ | $\mathrm{tg}\,\gamma = \dfrac{2(1,167+x)\,\mathrm{sen}\,\alpha}{}$ | $\mathrm{tg}\,\gamma = \dfrac{2\cdot0,934\,\mathrm{sen}\,\alpha}{}$ |
| ½ ángulo cono exterior | φ = α + β | φ = α + β | φ = α + β |
| ½ ángulo cono interior | φ' = α - γ | φ' = α - γ | φ' = α - γ |

# Templado de engranajes

Para la realización del templado de los engranajes del cabrestante, el enfriamiento se realizó en agua ya que era más eficiente para lograr una mayor dureza. Usando la temperatura que se calculó y verificó con la tabla 5.

## Tabla 5. Acero 1018

| TRATAMIENTO TÉRMICO | TEMPERATURA °C | MEDIO DE ENFRIAMIENTO |
|---|---|---|
| Forja | 850 - 1150 | Arena seca |
| Normalizado | 880 - 920 | Aire |
| Recocido | 660 - 720 | Horno |
| Cementacion | 900 - 930 | Horno/agua |
| Temple capa cementada | 850 - 900 | Agua |
| Revenido capa cementada | 180 - 240 | Aire |

Procesos de tratamiento térmico para engranajes: para mejorar tanto la superficie como la dureza del núcleo del engranaje.

Para muchas aplicaciones, el tratamiento térmico es esencial para mejorar tanto la superficie como la dureza del núcleo del engranaje, mejorando su capacidad para resistir el esfuerzo de tracción, mejorar la resistencia y reducir el desgaste. Estos procesos pueden ser para tratar todo el engranaje o simplemente enfocarse en los dientes en sí mismos y entre los más comunes se encuentran la cementación, el endurecimiento por inducción y la nitruración.

La cementación, es un tratamiento térmico usado para crear una superficie con bajo contenido en carbono y aumentar la dureza y resistencia al desgaste del engranaje; de todas formas, se debe tener en cuenta que la precisión de los engranajes cementados disminuye durante este proceso por lo que para mantener la precisión de los mismos es fundamental su rectificado.

En el endurecimiento por inducción se debe tener en cuenta la misma advertencia en cuanto a su necesidad de rectificado. Esta forma de tratamiento térmico se usa con mayor frecuencia para el endurecimiento de dientes en engranajes hechos de acero que contengan más del 0,35% de carbono. Este tratamiento es particularmente adecuado para reforzar engranajes grandes que no pueden ser cementados.

La nitruración se utiliza para endurecer la superficie del engranaje introduciendo nitrógeno y así conseguir un acabado de superficie muy duro, pero súper suave. Se usa comúnmente para aleaciones de acero que incluyen aluminio, cromo y molibdeno, ya que mejoran el proceso de endurecimiento. Proporciona una dureza superior a la cementación y al endurecimiento por inducción, aunque la capa endurecida es más fina. Sin embargo, es importante destacar que, como la temperatura de nitruración es relativamente baja, hasta 600 °C en comparación con los 800 °C para otros procesos, no provoca grietas ni distorsiones figura 9.

Figura 9. Tipos de engranes

Propiedades mecánicas del Acero es una aleación de hierro y carbono que contiene otros elementos de aleación, los cuales le confieren propiedades mecánicas específicas para su utilización en la industria metal-mecánica. Los otros principales elementos de composición son el cromo, tungsteno, manganeso, níquel, vanadio, cobalto, molibdeno, cobre, azufre y fósforo. A estos elementos químicos que forman del acero se les llama componentes, y a las distintas estructuras cristalinas o combinación de ellas se les llama constituyentes. Los elementos constituyentes, según su porcentaje, ofrecen características específicas para determinadas aplicaciones, como herramientas, cuchillas, soportes, etc. La diferencia entre los diversos aceros, tal como se ha dicho depende tanto de la composición química de la aleación de los mismos, como del tipo de tratamiento térmico a los que se les somete.

Tratamiento Térmico Conjunto de operaciones de calentamiento, permanencia y enfriamiento de las aleaciones en estado sólido con el fin de cambiar su estructura y conseguir ciertas propiedades físicas.

Existen factores muy importantes de en el tratamiento térmico:

- La temperatura
- El tiempo de permanencia
- La velocidad d enfriamiento

Estos factores se fijan de acuerdo a la composición del acero, la forma y tamaño de las piezas y características que se han de obtener. Las propiedades mecánicas de las aleaciones de un mismo metal, y en particular de los aceros, residen en la composición química de la aleación que lo forma y el tipo de tratamiento térmico a los que se les somete. En los tratamientos térmicos lo que hacen es modificar la estructura de los granos que forman los aceros sin variar la composición química de los mismos. Esta propiedad de tener diferentes estructuras de grano con la misma composición química se llama polimorfismo y es la que justifica los tratamientos térmicos. Técnicamente el polimorfismo es la capacidad de algunos materiales de presentar distintas estructuras cristalinas, con una única composición química. Por ejemplo, *el* diamante y el grafito son polimorfismos del carbono. La α-ferrita, la austenita y la δ-ferrita son polimorfismos del hierro. Esta propiedad en un elemento químico puro se denomina alotropía.

la tercera etapa del tratamiento térmico es el enfriamiento de la pieza, dependiendo de cómo se lleva a cabo nos podemos encontrar con los siguientes tratamientos:

## TEMPLE

Su finalidad es aumentar la dureza y la resistencia del acero. Para ello, se calienta el acero a una temperatura ligeramente más elevada que la crítica superior Ac3 para que se dé la transformación a la estructura austenita (entre 900-950°C) y se enfría luego más o menos rápidamente (según características de la pieza) en un medio como agua, aceite, o incluso aire, según su composición. El endurecimiento produce una estructura granular fina que aumenta la resistencia a la tracción (tensión) y disminuye la ductilidad. El acero al carbono para herramientas se puede endurecer al calentarse hasta su temperatura crítica, la cual se adquiere aproximadamente entre los 790 y 830 °C, lo cual se identifica cuando el metal adquiere el color rojo cereza brillante. Cuando se calienta el acero la perlita se combina con la ferrita, lo que produce una estructura de grano fino llamada austenita. Cuando se enfría la austenita de manera brusca, se transforma en martensita, material que es muy duro y frágil.

## RECOCIDO

Existen varios tipos de recocido, a continuación, se describen los más comunes:

- Recocido Primario Tiene como finalidad principal el ablandar el acero, regenerar la estructura de aceros sobrecalentados o simplemente eliminar las tensiones internas que siguen a un trabajo en frío. (Enfriamiento en el horno).
- *Recocido de Regeneración* Tiene como función regenerar la estructura del material producido por temple o forja. Se aplica generalmente a los aceros con más del 0.6% de C, mientras que a los aceros con menor porcentaje de C sólo se les aplica para finar y ordenar su estructura.
- *Recocido de Globular* Es usado para los aceros hipereutectoides, es decir con un porcentaje mayor al 0,89% de C, para conseguir la menor dureza posible que en cualquier otro tratamiento, mejorando la maquinabilidad de la pieza. La temperatura de recocido está entre AC3 y AC1.
- *Recocido de Subcrítico* Se usa para aceros de forja o de laminación, para lo cual se usa una temperatura de recocido inferior a AC1, pero muy cercana. Mediante este procedimiento se destruyen las tensiones internas producidas por su moldeo y mecanización. Comúnmente es usado para aceros aleados de gran resistencia, al Cr-Ni, Cr-Mo, etcétera. Este procedimiento es mucho más rápido y sencillo que los antes mencionados, su enfriamiento es lento.

## NORMALIZADO

Tiene por objeto dejar un material en estado normal, es decir, ausencia de tensiones internas y con una distribución uniforme del carbono. Se suele emplear como tratamiento previo al temple y al revenido. Consiste en calentar a temperatura de austenización y luego enfriar al aire quieto. De esta forma se deja el acero con una estructura y propiedades que arbitrariamente se consideran como normales y características de su composición.

El engranaje utilizado para la prueba tiene las dimensiones que se muestran en la figura 10, con un diámetro central de 5.04 cm, un diámetro primitivo de 7 cm y con un número de dientes de 41. Estas medidas se tomaron para calcular las rampas y utilizarlo en la ejecución del templado. El tiempo de calentamiento de los engranajes depende del tamaño y la forma de la pieza.

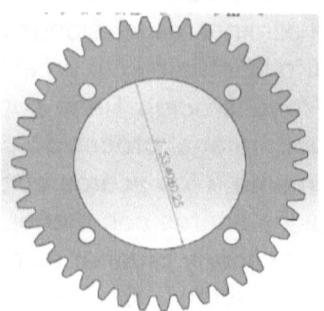

Figura 10. Dimensiones del engrane

Se utilizó un horno para realizar el proceso de templado. Los engranajes se introdujeron en el horno cuando la temperatura aumentó a 850 ° C. Una vez alcanzada esta temperatura, los engranajes se dejaron adentro durante 10 minutos para que el acero pudiera alcanzar el equilibrio térmico. En la figura 11, el engranaje se muestra en calefacción.

Figura 11. Calentamiento de engranajes

Con el equipo de seguridad necesario (pinzas, máscara, guantes, peto y botas) se retiraron los engranajes pasado el tiempo mencionado figura 12.

Figura 12. Enfriamiento de engranajes

## Examen de dureza

Para conocer la dureza del engranaje se utilizó un durómetro Vickers cuya unidad de medida es HV (Vickers), el penetrador que se utilizó fue una pirámide de diamante con ángulo de 136 °, al aplicar la carga, dejó una huella cuadrada en el material de la pieza, como se muestra en la Figura 13.

Figura 13. Aplicación de carga

La carga que se utiliza para presionar el penetrador contra la pieza varía entre 1 y 120 Kp, principalmente se utilizan valores de carga de 1, 2, 3, 5, 10, 20, 30, 50, 100 y 120 Kp. Sin embargo, la carga utilizada fue de 30 Kp. Como se muestra en la fig. 7. El tiempo de aplicación de la carga durante la medición de dureza Vickers varía de 10 a 30 segundos, siendo 15 segundos el tiempo más utilizado para la duración de la medición.

Figura 14. Retiro de engranajes

El enfriamiento se realizó poniendo los engranajes en agua limpia a la temperatura requerida, estos engranajes se agitaron en el baño de enfriamiento hasta que su temperatura desciende a aproximadamente 100 ° C. Como se muestra en la figura 14

## Examen de dureza

Para conocer la dureza del engranaje se utilizó un durómetro Vickers cuya unidad de medida es HV (Vickers), el penetrador que se utilizó fue una pirámide de diamante con ángulo de 136 °, al aplicar la carga, dejó una huella cuadrada en el material de la pieza. La carga que se utiliza para presionar el penetrador contra la pieza varía entre

1 y 120 Kp, principalmente se utilizan valores de carga de 1, 2, 3, 5, 10, 20, 30, 50, 100 y 120 Kp. Sin embargo, la carga utilizada fue de 30 Kp. Como se muestra en la figura 15. El tiempo de aplicación de la carga durante la medición de dureza Vickers varía de 10 a 30 segundos, siendo 15 segundos el tiempo más utilizado para la duración de la medición.

Figura 15. Aplicación de carga

Una vez retirada la aplicación de la carga, se midieron las diagonales de la penetración cuadrada que resultó en la superficie de la pieza como se muestra en la figura 16, calculando el promedio de las medidas obtenidas.

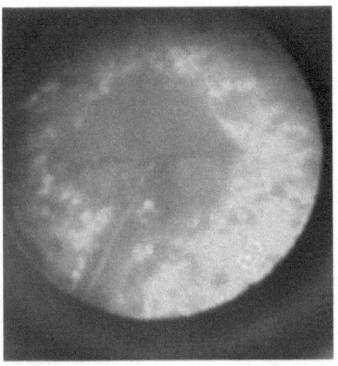

Figura 16. Penetración cuadrada

La dureza Vickers (HV) se obtuvo dividiendo la carga P (kp) aplicada por la superficie de la huella S (mm2) que queda en la pieza.

$$HV = P / S = 1,854 \cdot P / d2$$

Siendo:

- P la carga aplicada en la prueba (Kp)
- S es la superficie de la huella (mm2)
- D es el valor medio de la diagonal de la impresión en la muestra (mm).

Una vez obtenido el valor de la dureza Vickers se observó en la tabla 6, la equivalencia en dureza Rockwell.

## Tabla 6. Tabla de dureza

| Brinell Dureza HB | Rockwell Dureza HRB | Rockwell Dureza HRC | Vickers Dureza HV | Z/C | Resistencia a la tracción Kg/mm2 |
|---|---|---|---|---|---|
| 682 | - | 65 | 865 | 91.0 | 232.9 |
| 652 | - | 63 | 820 | 87.2 | 221.5 |
| 627 | - | 61 | 765 | 84.8 | 213.5 |
| 600 | - | 59 | 633 | 76.5 | 188.7 |
| 578 | - | 59 | 717 | 81.5 | 204.0 |
| 555 | 120 | 57 | 675 | 78.5 | 195.1 |
| 534 | 119 | 54 | 588 | 73.5 | 181.3 |
| 514 | 119 | 52 | 567 | 71.0 | 174.9 |
| 495 | 117 | 51 | 540 | 68.5 | 168.0 |
| 477 | 117 | 49 | 515 | 66.7 | 162.2 |
| 461 | 116 | 48 | 494 | 65.0 | 157.0 |
| 444 | 115 | 46 | 472 | 63.0 | 150.8 |
| 429 | 115 | 45 | 454 | 61.0 | 145.8 |
| 415 | 114 | 44 | 437 | 59.0 | 140.0 |
| 401 | 113 | 42 | 420 | 57.2 | 136.0 |
| 388 | 112 | 41 | 404 | 55.8 | 132.0 |
| 375 | 112 | 40 | 389 | 54.0 | 127.5 |
| 363 | 110 | 39 | 375 | 52.2 | 123.4 |
|  | 110 | 38 | 363 | 50.5 | 120.0 |
| 341 | 109 | 36 | 350 | 49.2 | 115.9 |
| 331 | 109 | 35 | 339 | 48.0 | 112.4 |
| 321 | 108 | 34 | 327 | 46.7 | 109.1 |
| 311 | 108 | 33 | 316 | 45.2 | 105.6 |
| 302 | 107 | 32 | 305 | 44.5 | 102.7 |
| 293 | 106 | 31 | 296 | 43.2 | 99.6 |
| 285 | 105 | 30 | 287 | 42.0 | 96.9 |
| 277 | 104 | 29 | 279 | 41.0 | 94.2 |
| 269 | 104 | 28 | 270 | 40.0 | 91.5 |
| 262 | 103 | 27 | 263 | 39.2 | 89.1 |
| 255 | 102 | 25 | 256 | 38.5 | 86.7 |
| 248 | 102 | 24 | 248 | 37.5 | 84.3 |
| 241 | 100 | 23 | 241 | 36.5 | 81.9 |
| 235 | 100 | 22 | 235 | 35.7 | 79.9 |
| 229 | 99 | 21 | 229 | 35.0 | 77.9 |
| 223 | 98 | 20 | 223 | 34.0 | 75.8 |

## Simulación de Solidworks

Se realizó un dibujo que servirá para representar las partes mecánicas del cabrestante, mostrado en la figura 17 y 18, para realizar una simulación en análisis finito en SolidWorks, para realizar el dibujo de las piezas se midieron con un Vernier una vez que se tuvieron las medidas. Se utilizó la herramienta de chapa, redondeo, extrusión y corte por extrusión.

Figura 17. Cabrestante en Solidworks

Figura 18. Engrane en Solidworks

Una vez dibujadas las piezas, creamos la simulación uniendo los engranajes, agregamos geometría fija, fijaciones, torsión, una malla y una fuerza de torsión para tener un resultado de análisis finito, en una simulación se utilizó el acero 1020 y en el En otra simulación, el acero 1020 se utilizó para visualizar las diferencias de resistencia con la ayuda del código de colores de las fuerzas de tensión en cada una de las simulaciones. Como se muestra en las figuras 19 y 20.

Figura 19. Simulación de torque de acero 1020

Figura 20. Recocido de simulación de torsión de acero 1020

# Resultados y discusión

Los valores obtenidos de dureza son la siguiente tabla 7:

Tabla 7. Resultados de Dureza

|  | Experimental | Teórica |
|---|---|---|
| Dureza Antes del templado | -2HRC | -5HRC |
| Dureza Después de templado | 52HRC | 50-60HRC |

Estos valores se obtuvieron al realizar la prueba de dureza Vickers convirtiéndolos en dureza rockwell (HRC). Como se puede ver en la tabla 6. El Templado fue realizado exitosamente, aumentando su dureza del engrane. Esto fue gracias al tratamiento térmico que se realizó mediante un análisis en las rampas de calentamiento.

En las simulaciones de SolidWorks se obtiene una alta escala de torsión mientras que es menor la escala de fuerza de torsión que reciben los engranes sustentando que la resistencia aumenta cuando el material es sometido a un proceso térmico que en este caso fue un templado.

Se utilizó el método de elementos finitos dentro del trabajo realizado, para determinar la fatiga a la que está expuesto el engranaje del cabrestante, mediante un peso que se aplicó en la simulación en SolidWorks.

## Conclusiones

En un invernadero se puede aumentar la cantidad, calidad y efectividad en la producción. Esto porque es a través de ellos que se pueden resolver problemas no sólo climáticos y controlar plagas y enfermedades. Además de volver eficiente el cultivo. Si promovemos el uso de polea o retracto de los invernaderos el riesgo de intoxicaciones de los trabajadores por pesticidas seria considerablemente resuelto. También este proyecto busca beneficiar directamente tanto al sistema de cultivo tradicional (campo abierto) como al sistema de ambiente controlado.

Al diseñar e implementar una mejora en el sistema mecánico del malacate mediante un tratamiento térmico y una construcción de un acoplamiento para los baleros, donde se seleccionó el tipo de material adecuado para la barra de soporte y se remplazó los bujes con el cálculo del peso que va soportar para hacer más funcional la cortina de un invernadero. Se logró diseñar un nuevo sistema mecánico del malacate utilizando SolidWorks al cual se le construyo un acoplamiento mecánico para los baleros del malacate, seleccionado el tipo de aceite para el templado en los engranes y el reemplazo de los bujes por rodamientos de acuerdo al cálculo de la carga que soportara el sistema completo y definido en base a esto la dureza requerida en el tratamiento térmico en tres fases.

Con el fin de reducir dentro del invernadero la compra de malacates ya que con el constante uso se llegaban a descomponer y el dueño se le hacía más fácil comprar otro que repararlo es importante mencionar que esta modificación es viable en invernaderos de 5000 m². Este proyecto permitió fundamentar la hipótesis *"La carga que soportará el malacate será mayor con el tratamiento térmico de los engranes y la implementación de los rodamientos de rodillos".*

# Referencias Bibliográficas

Ahola, j. (2014). *Creo parametric milling.* Klaava media.

Alavala, c. R. (2009). *Cad/cam concepts and applications.* Phi learning private limited.

Bryce, d. (1998). *Plastic injection molding...mold design and construction fundamentals.* Society of manufacturing engineers.

Cheng, k. (2009). *Machining dynamics, fundamentals, applications and practices.* Springer.

Dym, j. (2001). *Injection molds and molding: a practical manual.* Kluwer academic publishers.

El-hofy, h. (2014). *Fundamentals of machining processes conventional and nonconventional.* Crc press taylor and francis.

El-hofy, h. (s.f.). *Fundamentals of machining process.*

Erik templeman, h. S. (2014). *Manufacturing and design understanding the principles of how things are made.* Oxford, uk: butterworth-heinemann.

Fu, j. (2004). *Computer-aided injection mold design and manufacture.* Marcel dekker, inc.

Gerling, h. (2006). *Alrededor de las máquinas-herramienta*. Barcelona: reverté.

Gingery, v. (2015). *Secrets of building a plastic injection molding machine*. David gingery publishing.

Helmi a. Youssef, h. A.-h. (2012). *Manufacturing technology materials, processeses and equipment*. Crc press tayloy and francis group.

Hoffman, p. J. (2015). *Precision machining technology second edition*. New york: cengage learning.

K. Lalit narayan, k. M. (2008). *Computer aided design and manufacturing*. Prentice hall of india private limited.

Kalpakjian, s. (2002). *Manufactura, ingeniería y tecnología*. Naucalpan de juárez: pearson educación de méxico.

Liou, f. (2007). *Rapid prototyping and engineering applications*. Boca raton, fl: crc press francis and taylor group, llc.

Mattson, m. (2010). *Cnc programming principles and applications second edition*. Delmar cengage learning.

Mucio, e. (1994). *Plastic processing technology*. Asm international.

P. Radhakrishnan, s. S. (2004). *Cad/cam/cim second edition*. New age international publishers.

Prakash, m. D. (2008). *Modeling of metal forming and machining processes by finite element and soft computing method*. Springer-verlag london limited.

Rao, p. (2010). *Cad/cam principles and applications 3rd edition*. Tata mc graw hill education private limited.

Riba, c. (2002). *Diseño concurrente*. Barcelona: edicions upc.

Smid, p. (2006). *Cnc programming techniques an insiders guide to effective methods and applications*. New york: industrial press inc.

# CAPÍTULO 3

## ANÁLISIS Y CONTROL DE SCRAP EN EL ÁREA DE ÓPTIMA EN LA INDUSTRIA TEJIDOS INDUSTRIALES.

María Cristina Baltazar Ceballos[1], Ma. de Lourdes Huerta Becerra[1], Cristina López Saldaña[1], Edgar Rodrigo Anastacio Fernández[1]

[1]Ingeniería En Procesos y Operaciones Industriales, Universidad Tecnológica de Tlaxcala, Carretera a Él Carmen Xalpatlahuaya S/N Huamantla Tlaxcala, C.P. 90500, México.

## Resumen

En la actualidad todas las industrias luchan por aumentar su producción, generando la menor parte de Scrap dentro de sus procesos de tal manera se genere una menor pérdida y que los clientes estén satisfechos. El objetivo de este proyecto fue disminuir el Scrap generado en el área de óptima. La metodología utilizada fue en base a los criterios de evaluación de calidad, con ello se generó un plan de trabajo y formatos para observar el cambio cada una de las áreas que integran el lugar de trabajo. Los resultados que se obtuvieron en este trabajo se redujo el Scrap y aumentó el material eficiente. Se pasó de un 5.4% de scrap en tejido que representaba 4,886 kg a ser el 2.6% de Scrap con 2,361 kg, donde el área de tejido nos representa el 91% de scrap en todo óptima.

**Palabras clave:** Control; Análisis; Tejido; Calidad; Scrap; Clientes; Criterios; Óptima; Área; Perdida; Producción.

## Abstract

Currently, all industries are struggling to increase their production, generating the least amount of scrap within their processes so that less loss is generated and that clients are satisfied. The methodology used was based on the quality evaluation criteria, thereby generating a work plan and formats to observe the change in each of the areas that make up the workplace. The results obtained in this work reduced the scrap and increased the efficient material. It went from 5.4% of scrap in tissue that represented 4,886 kg to 2.6% of scrap with 2,361 kg, where the tissue area represents 91% of scrap in all optimal.

**Keywords:** Control; Analysis; Tissue; Quality; Scrap; Client; Criteria; Optimal; Area; Lost; Production.

## Introducción

Scrap. Es una palabra inglesa que se traduce como chatarra o residuo. En el contexto industrial, Scrap refiere a todos los desechos y/o residuos derivados del proceso industrial. (James W. Sawyer, 2016).

La conversión de datos en información es un proceso, es decir, un conjunto de tareas relacionadas de manera lógica que se llevan a cabo con el fin de obtener un resultado determinado. El proceso que consiste en definir las relaciones entre datos para generar información útil requiere conocimiento (Stair, 2016).

De acuerdo al diccionario de la real academia española la palabra proceso está definida como la acción de ir hacia adelante, al transcurso del tiempo, al conjunto de las fases sucesivas de un fenómeno natural o de una operación artificial. Existen diferentes tipos de procesos, en este caso se determina la ocupación de un proceso industrial mejor conocido como proceso de fabricación, el cual es un conjunto de operaciones unitarias necesarias para modificar las características de las materias primas. Dichas características pueden ser de naturaleza muy variada tales como la forma, la densidad, la resistencia, el tamaño o la estética. Para la obtención de un determinado producto serán necesarias multitud de operaciones individuales de modo que, dependiendo de la escala de observación, puede definirse como un proceso tanto al conjunto de operaciones desde la extracción de los recursos naturales necesarios hasta la venta del producto como a las realizadas en un puesto de trabajo con una determinada máquina/herramienta. La producción, la transformación industrial, la distribución, la comercialización y el consumo son las etapas del proceso productivo. Algo que se utiliza comúnmente en un proceso es el cambio de cualquier tipo de error, si esto no se hace puede haber una confusión en un proyecto ideado. Como ya se mencionó anteriormente, en un proceso productivo es necesario realizar una serie de operaciones individuales, es por eso que será pertinente definirlas (Saint-Gobain, 2020).

Un puesto de trabajo ergonómico facilita el trabajo y cuida de la salud de los empleados. Los resultados son satisfactorios: aumento de la motivación y la satisfacción, mayor capacidad de rendimiento, eficiencia y calidad en el trabajo, así como reducción de las bajas médicas. En resumidas cuentas: un plus considerable en cuestión de productividad, más rentabilidad y una decisiva ventaja frente a la competencia y, con ello, un éxito duradero para su empresa (The Drive & Control Company, 2015).

El proceso de diseño se relaciona con la obtención de los hechos, con el proceso de meditar, con la toma de decisiones y con otras fases de las actividades en las que un diseñador se ve envuelto

Al buscar una solución por él especificada. Por consiguiente, el proceso de diseño es la metodología general del diseñador para la solución de problemas (Krick,2017).

El desempeño productivo de una empresa depende en gran medida de la productividad, y lo mismo ocurre con el desempeño productivo de una nación (Nemur,2016).

Entender la productividad es esencial en el quehacer empresarial, sobre todo si se aplica al entorno que compartimos todos los que somos y nos sentimos latinoamericanos (Reig, 2015).

La definición de scrap normalmente se utiliza para los desperdicios, sobras de productos ya utilizados, materiales sobrantes o excedentes, equipamientos obsoletos.) que tienen algún valor monetario (plásticos, cartones, vidrios, metales). Puede agregarse que se trata de material o producto que no se pudo fabricar y/o procesar por poseer características no aptas para la fabricación. Es decir, todo aquel material que, por razones de fallas de origen, en ocasión de su transporte o durante el proceso productivo, este imposibilitado para formar parte de un producto material (no apto para la producción). En un concepto amplio se puede decir que podría sintetizarse como todo componente, semi-elaborado o producto no apto para su utilización en el proceso productivo o para su comercialización. Como concepto final y más específico se puede afirmar que se denomina scrap a todo material de descarte, deshecho, residuo no peligroso, material que no puede ser utilizado para el proceso productivo, que se halla tratado o acondicionado y que tenga valor para otra empresa como materia prima o componente primario (Baltazar, 2020).

Los que trabajan con conocimiento manejan por rutina una cantidad de información masiva. Los que no tienen un plan sólido para manejar datos pierden mucho tiempo en detalles poco importantes. Para evitar este problema muy común es preferible mantener el foco en los resultados finales o metas (Pozen, 2013).

Existen varias filosofías que nos permiten disminuir los desperdicios y reducir nuestros costos. Una de ellas es el Lean Manufacturing, que apunta directamente a la identificación y eliminación de actividades que no agregan valor en todos los procesos en que está involucrada una empresa: el diseño, la producción, la cadena de suministro y la relación con los clientes (De Molina 2016).

Para poder cumplir con los retos actuales de costo y calidad, las empresas, y en especial las de manufactura, deben estar siempre dispuestas a cambiar su forma de trabajo, en especial cuando estas formas incluyen metodologías que mejoran la productividad y la seguridad en las plantas (Rodríguez, 2015).

Un producto terminado es cualquier bien que ha completado su proceso de fabricación, pero que aún no ha sido vendido o distribuido al cliente final. El término se aplica a los bienes que se han fabricado o procesado para agregarles valor. Esta es la última etapa en el procesamiento de los bienes. En ella están almacenados y ya están listos para ser consumidos o distribuidos. Por tanto, el término es relativo. Los productos terminados de un vendedor pueden convertirse en materias primas del comprador. Un producto se refiere a algo que se genera a través del proceso de producción. Dentro del marco de la economía de mercado, los productos son todos aquellos objetos que las personas compran y venden con la finalidad de cubrir sus necesidades. Cuando se trata de un producto terminado, es cuando ya está completo y finalizado. En este sentido, se puede diferenciar cuando el producto está en desarrollo, terminado o si tendrá algunas modificaciones por alguna finalidad. Este término determina un objeto que se destina al consumidor final. Al tratarse de un producto, este no necesita de preparaciones o modificaciones para que se pueda comercializar (Producto terminado, 2018).

El almacenamiento de materiales depende de la dimensión y características de los materiales, para los cuales se puede utilizar desde una simple estantería hasta sistemas complicados, que involucran grandes inversiones y complejas tecnologías. Para determinar el sistema de almacenamiento de materiales se deben tener en cuenta de los siguientes factores: Espacio disponible para el almacenamiento de los materiales. Tipos de materiales que serán almacenados. Tipos de materiales que serán almacenados. Número de artículos guardados. Velocidad de atención necesaria. Tipo de embalaje (OPL ó LUP, 2019).

Para poner en contexto este proyecto se describe a continuación el material a reducir en cuestión de desperdicio. La composición de vidrio cumple con la certificación de E-Glass según la definición de la norma D578-00 de la ASTM para filamentos de fibra de vidrio (OPI´s, 2009).

Por "haz" se entiende un número definido de extremos de hilo individuales, tomados de una fileta, que se enrollan con tensión de forma paralela en una urdimbre o en una viga de sección.

Por otra parte, también se describe enseguida el proceso en el cual es utilizado el material a controlar.

Las vigas se utilizan en el tejido o en procesos de producción similares, como el tejido de punto, el tejido de punto y el tejido estrecho (cintas). Generalmente Vetrotex utiliza sus propias vigas de sección (138 cm de ancho de haz) para procesar sus hilos individuales. Las vigas vacías pueden ser suministradas también por el cliente, si se solicitan de dimensiones diferentes. Las vigas se entregan según los requisitos específicos del cliente, como el tipo de hilo, el número de extremos, la longitud de la viga y el número de vigas por juego. La gama disponible de extremos es de 150 a 800 extremos para vigas de sección y hasta 1350 extremos para vigas de urdimbre. La longitud nominal por tipo de viga depende del peso máximo de las vigas y de la longitud nominal del hilo de entrada (Hilo fibra de vidrio en beam, 2018).

Los KPI también son conocidos como indicadores de calidad o indicadores clave de negocio que pueden ser utilizados y aplicables en cualquier área de negocio y sector productivo, aunque son utilizados de una forma muy habitual en el marketing online. "El objetivo último de un KPI es ayudar a tomar mejores decisiones respecto al estado actual de un proceso, proyecto, estrategia o campaña y de esta forma, poder definir una línea de acción futura." Las estrategias de marketing basan sus objetivos y resultados en función de la consecución o mejora de los datos que se vayan obteniendo en estos KPI y el nivel óptimo fijado para estos. Y es que los indicadores clave de desempeño permiten obtener información de mucha calidad. Pero antes de nada, es imperativo hablar de las características que debe reunir un KPI en Marketing para ser realmente relevante para aquello que se quiere medir así como los diferentes tipos de KPI que pueden emplearse en cada caso (KPI's, 2017).

La medición es un proceso que realizamos cotidianamente, aun sin estar conscientes de ello (Escamilla, 2015).

La recolección de datos por parte del equipo tiene como fin determinar las causas principales para arreglar el problema. Esta información puede ser recolectada por computadora o por el trabajador del área. Al tener la hoja de registro esta información debe ser tabulada y graficada para lograr obtener tendencias por máquina, por turno y por persona de modo que vayamos filtrando las causa y de este modo atacar causas críticas y no todas. Con este gráfico se sabe que las más importantes son fallas mecánicas y tiempo de encender la máquina por lo tanto debemos concentrar a obtener más datos acerca de estas dos causas y obtener Pareto de cada una para seguir desglosando la información hasta llegar a lo más detallado para implementar luego la mejora (Industria Tejidos Industriales, 2019).

Para mejorar procesos de producción se implementó de manera exitosa en la reducción del porcentaje de scrap en el proceso de tejido de fibra de vidrio. Para lograr esto se centró en la reducción de la variabilidad, disminuyendo defectos o fallas en la entrega del producto al cliente con el fin de hacerlo más efectivo y eficiente. Se realizó un estudio a detalle del comportamiento de los recursos tecnológicos, humanos y materiales con los que se fabrica. Fue preciso contar con hojas de trabajo que fueran comprensibles y estandarizadas para las operaciones, sin que el personal operativo se confunda al ejecutar sus procedimientos de trabajo (Galaviz, Hernández & Romano, 2013).

Los mecanismos para el mejoramiento de la calidad de Seis Sigma y de la Manufactura Esbelta, pueden pasar de ser básicas o elaboradas, dependiendo tanto de la preparación del equipo de trabajo como de la complejidad del problema (López, 2014).

la metodología y las herramientas Lean y Six Sigma enfocadas a la mejora de los resultados en los desempeños y los productos de su empresa. Con estos instrumentos, sumamente útiles para su dedicación profesional o empresarial, podrá incrementar la calidad y optimizar las nuevas posibilidades que los mercados ofrecen (Socconini, 2014).

En manufactura se entiende como desperdicio, todo elemento de producción, actividad, tarea u operación que no agrega valor al producto, añadiendo sólo tiempo y/o costo; por lo cual, eliminar los desperdicios es eliminar las actividades de no valor agregado (López, 2020).

Producir más de lo que se solicitó, imprimir más documentos de los requeridos, ¡No se trata de trabajar duro, se trata de trabajar inteligentemente! (Aragón, 2016).

El mantenimiento autónomo se debe considerar como un instrumento para intervenir una organización, esto significa, transformar su cultura, creencias y formas de actuar (Gonzalez,2018).

## Materiales y métodos

### Herramientas de análisis apropiadas

La empresa retoma los pasos para el estudio de métodos para mostrar resultados de la producción y que estos mismos sean visibles, empleando el procedimiento que habla del estudio del trabajo, definiendo sus límites, recolectando datos de fuentes apropiadas para utilizar una serie de formatos o herramientas de apoyo para fortalecer su análisis de producción. Durante este periodo de análisis, fue necesario seguir dos rutas muy importantes las cuales se te presentaran a continuación.

### Analizar las áreas que generan Scrap

Este se refiere a que se tuvo que revisar cada una de las áreas de trabajo del área de óptima y así mismo identificar las partes en las cuales se presenta mayor Scrap, también se debe observar que es lo que lo causa. Para que se mantenga el control de Scrap en las diversas áreas, se debe de estar monitoreando que los datos ingresados sean correctos y su ingreso se vea registrado en plataforma sapo óptima Tabla 8.

## Tabla 8. Visualización de Scrap

| Reporte | Fecha de reporte | Fecha de ingreso | Turno | Grupo | Operador | Área | Maquina | Tipo | Producto | FAM | Const | Kg. |
|---|---|---|---|---|---|---|---|---|---|---|---|---|
| DM9L03026 | 31/12/2019 | 31/12/2019 | 2 | D | A9824771 | MSH | TM36 | ORI | MESH | M | 20X10 | 0.80 |
| DM9L03027 | 31/12/2019 | 31/12/2019 | 2 | D | A9824771 | MSH | TM37 | ORI | MESH | M | 12X05 | 1.25 |
| DM9L03028 | 31/12/2019 | 31/12/2019 | 2 | D | A9824771 | MSH | TM38 | ORI | MESH | M | 12X05 | 2.60 |
| DM9L03022 | 31/12/2019 | 31/12/2019 | 2 | D | A9824771 | MSH | TM32 | ORI | MESH | M | 03X02 | 2.90 |
| DM9L03023 | 31/12/2019 | 31/12/2019 | 2 | D | A9824771 | MSH | TM33 | ORI | MESH | M | 12X05 | 1.60 |
| DM9L03024 | 31/12/2019 | 31/12/2019 | 2 | D | A9824771 | MSH | TM34 | ORI | MESH | M | 10X04 | 1.00 |
| DM9L03025 | 31/12/2019 | 31/12/2019 | 2 | D | A9824771 | MSH | TM35 | ORI | MESH | M | 14X05 | 3.00 |
| DM9L03018 | 31/12/2019 | 31/12/2019 | 2 | D | A9824771 | MSH | TM27 | ORI | MESH | M | 12X05 | 1.45 |
| DM9L03019 | 31/12/2019 | 31/12/2019 | 2 | D | A9824771 | MSH | TM28 | ORI | PF | M | 20X20 | 0.50 |
| DM9L03020 | 31/12/2019 | 31/12/2019 | 2 | D | A9824771 | MSH | TM29 | ORI | PF | M | 20X20 | 0.80 |
| DM9L03021 | 31/12/2019 | 31/12/2019 | 2 | D | A9824771 | MSH | TM30 | ORI | PF | M | 20X10 | 1.10 |
| DM9L03016 | 31/12/2019 | 31/12/2019 | 2 | D | A9824771 | MSH | TM24 | ORI | PF | M | 20X10 | 0.90 |
| DM9L03017 | 31/12/2019 | 31/12/2019 | 2 | D | A9824771 | MSH | TM25 | ORI | MESH | M | 11X05 | 9.10 |
| DM9L03012 | 31/12/2019 | 31/12/2019 | 2 | D | A9824771 | MSH | TM20 | ORI | PF | M | 20X10 | 1.30 |
| DM9L03013 | 31/12/2019 | 31/12/2019 | 2 | D | A9824771 | MSH | TM21 | ORI | PF | M | 20X10 | 1.18 |
| DM9L03014 | 31/12/2019 | 31/12/2019 | 2 | D | A9824771 | MSH | TM22 | ORI | PF | M | 20X10 | 1.90 |
| DM9L03015 | 31/12/2019 | 31/12/2019 | 2 | D | A9824771 | MSH | TM23 | ORI | PF | M | 20X10 | 1.40 |
| DM9L03009 | 31/12/2019 | 31/12/2019 | 2 | D | A9824771 | MSH | TM17 | ORI | PF | M | 20X10 | 0.20 |
| DM9L03010 | 31/12/2019 | 31/12/2019 | 2 | D | A9824771 | MSH | TM18 | ORI | MESH | M | 12X05 | 1.91 |
| DM9L03011 | 31/12/2019 | 31/12/2019 | 2 | D | A9824771 | MSH | TM19 | ORI | MESH | M | 18X09 | 0.60 |
| DM9L03007 | 31/12/2019 | 31/12/2019 | 2 | D | A9824771 | MSH | TM15 | ORI | MESH | M | 12X05 | 1.28 |
| DM9L03008 | 31/12/2019 | 31/12/2019 | 2 | D | A9824771 | MSH | TM16 | ORI | MESH | M | 12X05 | 1.52 |
| DM9L03006 | 31/12/2019 | 31/12/2019 | 2 | D | A9824771 | MSH | TM14 | ORI | MESH | M | 12X05 | 1.45 |
| DM9L03004 | 31/12/2019 | 31/12/2019 | 2 | D | A9824771 | MSH | TM12 | ORI | MESH | M | 12X05 | 1.20 |
| DM9L03005 | 31/12/2019 | 31/12/2019 | 2 | D | A9824771 | MSH | TM13 | ORI | MESH | M | 12X05 | 1.60 |
| DM9L03003 | 31/12/2019 | 31/12/2019 | 2 | D | A9824771 | MSH | TM10 | ORI | PF | M | 20X10 | 0.60 |
| DM9L03000 | 31/12/2019 | 31/12/2019 | 2 | D | A9824771 | MSH | TM05 | ORI | MESH | M | 12X05 | 3.60 |
| DM9L03001 | 31/12/2019 | 31/12/2019 | 2 | D | A9824771 | MSH | TM06 | ORI | MESH | M | 12X05 | 1.30 |

*Elaboración propia 2020.*

Durante este proceso, se realizó la revisión de cada una de las áreas que componen al área de óptima y en esta revisión se identificaron aquellas áreas de mayor generación de scrap las cuales fueron detectadas en base a la figura anterior, con dichas áreas identificadas, se comenzó a analizar uno por uno los casos, para poder realizar los procesos correspondientes para lograr corregir estas áreas.

## Implantar soluciones, generar despliegues, controlar los resultados

Aquí se muestran aquellas propuestas para lograr solucionar los problemas que se tienen con el scrap en todas las áreas. Una de las propuestas implantadas para lograr la posible solución, fue crear un despliegue general y uno más específico para determinar las causas atacables y las no atacables. Un despliegue, es aquel grafico que permite analizar la información necesaria y así poder tomar ciertas medidas, así como poder determinar áreas de oportunidad. Posteriormente se determinó que factores nos generaban mayor Scrap en todas nuestras áreas de trabajo, con ello se cambiaron los estándares de limpieza de rollo, el corte de orilla y la forma de recolectar e ingresar datos a sapo, es decir se crearon nuevos KPI's, (Key Process Indicators – Indicadores Claves del Proceso), OPI's (Operational Performance Improvement – Mejoras del Desempeño Operacional) y OPL's (One Point Lesson – Lecciones de un punto), estos han sido de gran ayuda para los operadores, ya que con estos ya colocados en el área, ellos están conscientes en la forma correcta por la cual se debe limpiar cada rollo, de igual manera saben el estándar de corte de orilla, con la capacitación saben la correcta clasificación de scrap y la correcta declaración en sapo, esto se realizó con la finalidad de tener datos correctos y disminución de scrap dentro del área de tejido, la cual genere un mejor porcentaje de material eficiente. Estos despliegues fueron colocados en árbol de KPI's y los OPL fueron colocados en el pizarrón de máquina, que se encuentra en el área de tejido, de tal manera que todas las áreas que conforman óptima, tengan acceso rápido a esta información. Estos formatos fueron colocados con la finalidad de que cada uno de los miembros del área optima consulten si deben realizar una limpieza a los rollos o no, el árbol de KPI's fue creado para dar una mejor visión de cómo se está controlando el scrap en cada una de las áreas que conforman a optima, de igual manera haciendo que el material eficiente aumente y con ello también el bono de productividad.

En la figura 21, se muestra el formato del despliegue que se emplea para plasmar la información de Scrap generado en el área de óptima. En este despliegue se muestra de una manera bastante simplificada, de tal manera que podemos observar todos los desperdicios que tenemos en el área y de igual manera cuanto nos está afectando, para ello tenemos en la barra azul principal la suma de todo el scrap acumulado en el área en solo el mes de enero y la segunda barra muestra el objetivo de scrap que se planea obtener con los proyectos de aquellos desperdicios que son atacables.

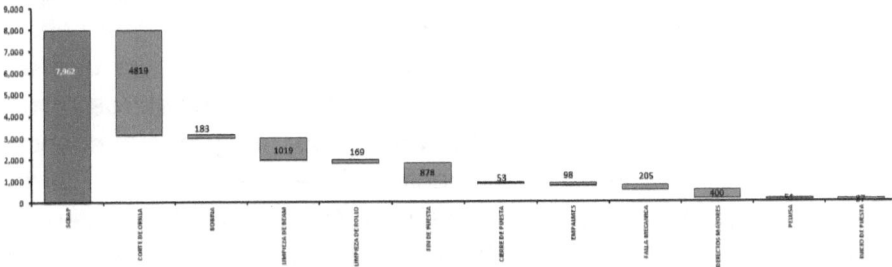

Figura 21. Despliegue Scrap Enero Óptima.

En la figura 22, se muestra el formato que se emplea para plasmar la producción de Scrap por áreas. Esta figura es de bastante ayuda para el área, debido a que esta área se divide en sub áreas, en las cuales plasmamos por clasificación para lograr identificar cual sub área es la que más nos genera scrap y de esta forma tener un panorama más amplio, respecto al análisis de la producción de scrap generada por las mismas.

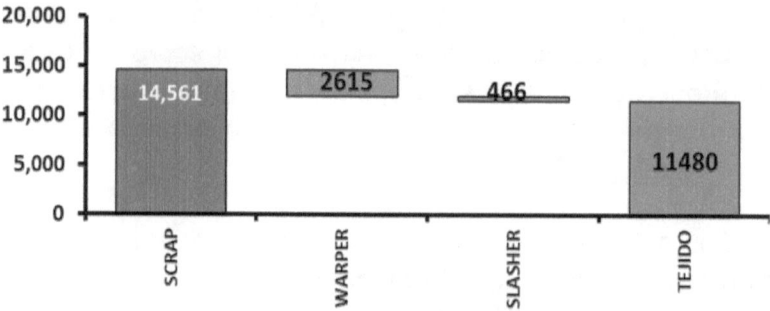

Figura 22. Scrap por áreas

Una vez teniendo hecho el despliegue, se realizaron despliegues más descriptivos de los cuales se menciona cuáles son los factores de scrap, los cuales como resultado marcaban en donde se tenía que ir mejorando nuestra área de trabajo, logrando con ello un control y disminución de scrap, dentro de la misma. Los despliegues y capacitaciones que se realizaban eran con el fin de mejorar el material eficiente, de tal manera que los operadores sepan en que momento realizar limpiezas de rollos, como también que sepan declarar correctamente el Scrap en plataforma sapo, ya que es más fácil elevar el material eficiente cuando se limpian los rollos únicamente cuando se debe (cada anudado), al igual que cuando cada operador declara correctamente el Scrap. El ingeniero a cargo brindó apoyo en capacitación de Quick Kaizen y las herramientas como son los despliegues y OPL's, así mismo se recibió apoyo por parte de los cortadores del área de óptima y los trameros, quienes son parte fundamental para este proyecto, ya que los cortadores se les capacito que solo deberán hacer limpieza de los rollos en caso de que el telar entro en anudado o en caso extremo limpiar por algún defecto mayor y por parte del trameros, se le capacitó cual es la forma correcta de clasificar el Scrap y cuál es la forma de ingresar los datos a plataforma sapo.

**Despliegue a detalle de cuáles son nuestros defectos atacables y no atacables**

Se adecuan los despliegues figura 23, conforme al desglose completo por defecto u rango de desperdicio, para que con ello se logre nuestro objetivo de disminuir Scrap y aumentar el material eficiente, de acuerdo a los desgloses y a`la determinación de que si es atacable o no. Para lograr disminuir el scrap, se tienen que definir aquellos desperdicios los cuales no se pueden eliminar por completo debido a que forman parte del proceso, pero se pueden lograr controlar por medio de análisis y control de los mismos, mediante determinadas mediciones las cuales se realizan a diario, esto para observar el comportamiento y el avance de dicho control.

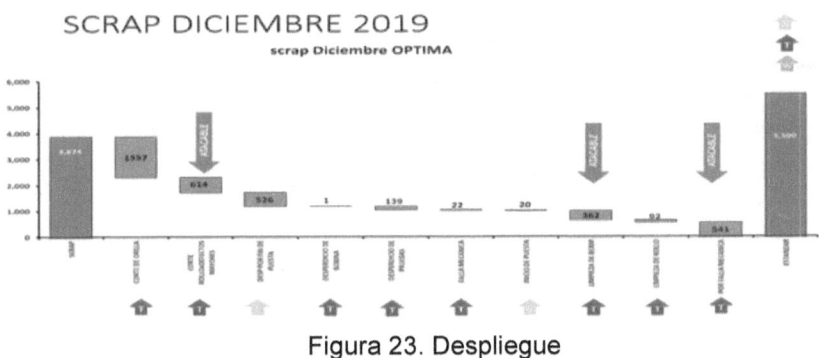

Figura 23. Despliegue

## Desglose a detalle por áreas que conforman óptima

Es un formato el cual contiene la información completa por área, figuras 24,25 y 26 en la cual se describe cada defecto por el cual está clasificado el desperdicio de Warper, Slasher y Tejido, en donde se enfocará en el área con mayor desperdicio, este fue formulado con el fin de controlar el scrap por área y al mismo tiempo determinar que defecto nos operador nos saca mejor calidad o viceversa, posteriormente a ese personal que se notó bajo en calidad de su producción, se manda a reforzar la capacitación de sus instrucciones de trabajo y con ello contrarrestar el problema.

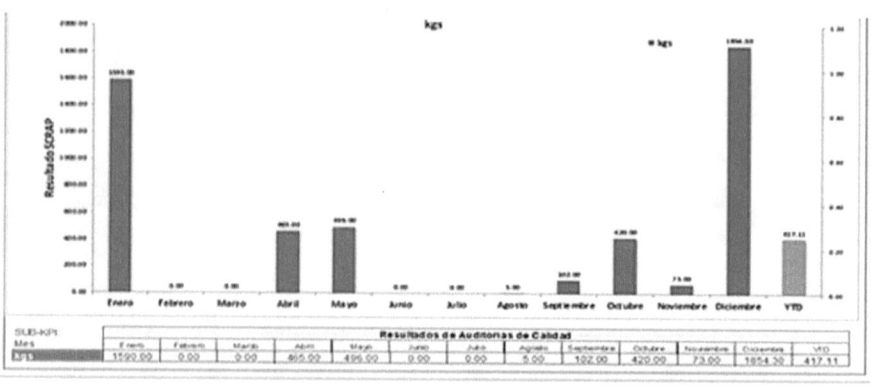

Figura 24. Resultados Scrap WARPER óptima

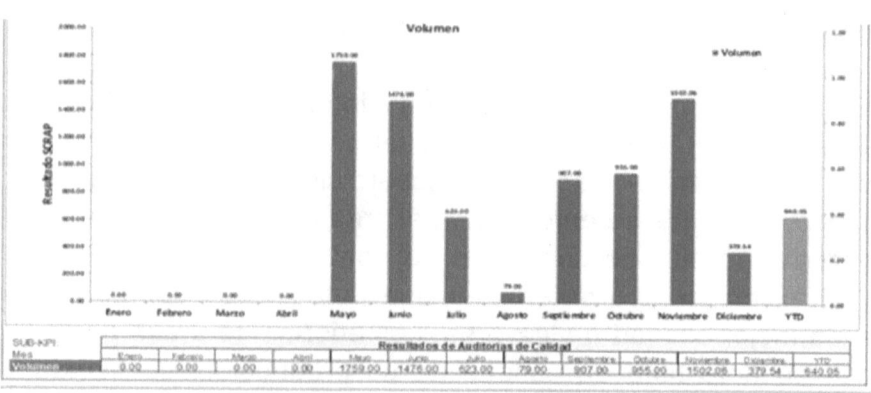

Figura 25. Resultados Scrap SLASHER Óptima

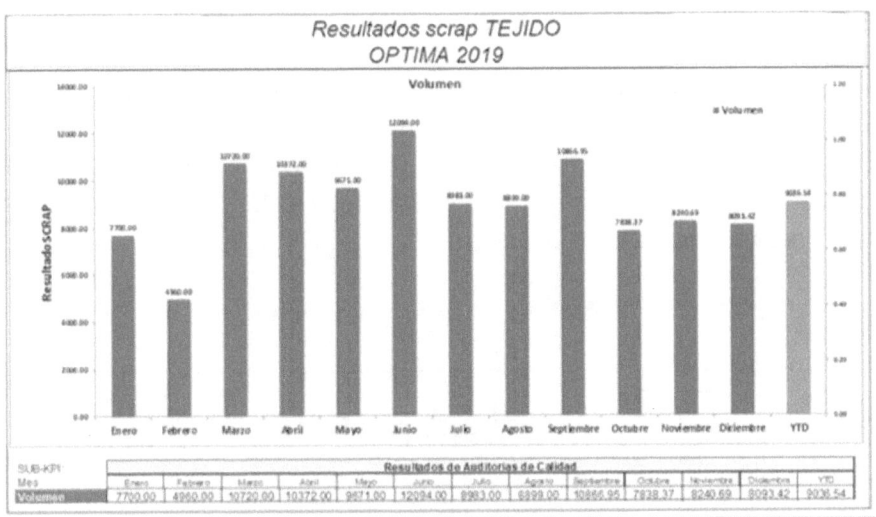

Figura 26. resultados Scrap TEJIDO óptima

## Despliegue de Scrap por telar

A diario se realiza la actualización de dichos despliegues y se comparte un reporte de los despliegues, en los cuales puede existir comentarios del porque el scrap se elevó en ciertos días, por ejemplo, hay días en que incrementa, debido a una falla en el sistema y no se lograron capturar datos en sistema u otra situación es que el tramero no declaro en su turno los datos de scrap. En dado caso de que dichos operadores no ingresen los datos, se incrementará el scrap en algún otro día, en la plataforma sapo se verá gravemente el incremento de ciertos días.

## Despliegue por defecto en cada uno de los telares

Se realizaron nuevos despliegues por defecto, en los cuales se desglosa por cada telar, ya que no existían en el área y como tal se comenzaron a realizar despliegues más a fondo para lograr encontrar mejores soluciones, anteriormente existía solo plataforma, en la cual era necesario filtrar los datos para saber dónde estábamos afectados, hoy en día estas figuras permiten visualizar más a fondo donde se está generando más scrap por telar y por área.

## Calculo del material eficiente

Esta fórmula tabla 9, es de gran importancia para el área de óptima, ya que en base a esta se ve reflejado el cálculo del bono que se les proporciona a cada trabajador, para ello se monitorea a diario su cálculo, para saber si plataforma sapo está manejando datos correctos en su cálculo del bono.

### Tabla 9. Material eficiente

| Producto Terminado | Scrap | ME |
|---|---|---|
| 130276 | 3170.1 | 97.6244341 |

# Resultados y discusiones

En base a los despliegues generados, se logró detectar que en año 2019 se generaron 103,468.00 kg de scrap anual, de los cuales el 91% que es equivalente a 99,348.00 kg es por parte de tejido, para el año 2020 se tiene una tendencia de 96,000.00 kg anual, reduciendo hasta 7,468.00 kg de Scrap, representando hasta un 7.2%. Al realizar este proyecto se buscó encontrar las alternativas más viables para la corrección de métodos de ejecución de recolección de datos, validación correcta por cada defecto y por cada área, con la finalidad de reducir su Scrap y llevar un control más preciso por cada uno de los desperdicios, dentro del desarrollo de las actividades de análisis se encontraron distintos detalles que hacen menos confiables los datos declarados en plataforma sapo, como lo son: la declaración de un defecto en un rango que no corresponde, declaración de Scrap por operadores que no tienen bien definida la clasificación del mismo, por lo cual se considera que de estos factores dependen del compromiso de los líderes de cada grupo, incluso esto va desde el mismo gerente que maneja a la empresa en su totalidad, se observa que no siempre es el método el que hace más ineficientes a los operadores, sin embargo en las situaciones en las que si fue el caso, como es lo referente a la materia prima que en ocasiones no es la adecuada, debido a que la mayor parte de defecto en la materia prima se presentan con frecuencia en los beam los hilos cruzados y los hilos enterrados, se implementaron propuestas con la empresa para lograr hacer una cambio en la recolecta de datos, verificación de scrap, revisión de la declaración de Scrap en sapo y desarrollo de despliegues para observar nuestras áreas de oportunidad, se analizó la problemática se propuso el método de Quick Kaizen y posteriormente se implementó los despliegues con las cuales se logró atacar en las áreas con mayor generación de Scrap, así como el control del mismo.

## Conclusiones

Siendo el resultado más óptimo para el proceso, en la mayoría de las operaciones críticas se buscó encontrar solución a otros desperdicios, sin embargo, los estándares de los métodos de ejecución se encontraban muy fijos y establecidos en la empresa que no fue posible disminuir todos los scrap, sin embargo, las propuestas se dieron a la empresa y se tuvo una buena respuesta por parte de la misma. Quedando de esta manera concluyendo por completo el objetivo general, ya que los cambios por parte de la empresa, fueron muy favorables debido a que diverso personal estuvo dispuesto al cambio y por tanto no se dificulto al momento de implementar dichas soluciones. Los resultados que se obtuvieron en este trabajo se redujo el Scrap y aumentó el material eficiente. Se pasó de un 5.4% de scrap en tejido que representaba 4,886 kg a ser el 2.6% de Scrap con 2,361 kg, donde el área de tejido nos representa el 91% de scrap en todo óptima.

## Referencias bibliográficas

Aragón, J. (2016). (abril de 2016). Obtenido de los 8 desperdicios del lean manufacturing, http://sigma-soluciones.com/wp-content/uploads/2016/04/8_desperdicios_Lean_Manufacturing.pdf.

Baltazar, C. (2020). *mexico Patente n° 241297. consumo.* (5 de enero de 2013). Obtenido de http://wwwconsumo.com/j%12%20articulos/c%20AT%C3%92.pdf.

De Molina, A. (2016). *¿Cómo identificar y reducir desperdicios a lo largo de la logística?* Obtenido de ¿Cómo identificar y reducir desperdicios a lo largo de la logística?: https://www.esan.edu.pe/apuntes-empresariales/2016/06/como-identificar-y-reducir-desperdicios-a-lo-largo-de-la-logistica/.

Escamilla Esquivel, A. (2015). valores medidos. En A. Escamilla Esquivel, *Metrologia y sus aplicaciones* (págs. 16,16). México: grupo editorial patria.

Galaviz, J. V., Hernández, C. M., & Romano, M. L. (2013). Ingeniería de valor aplicando la metodología seis sigma en el Sector de Autopartes en México. *Virtual PRO*, 22-43.

González, J. F. (2018). marco teorico de mantenimiento autonomo. En J. F. González Zúñiga, *Introducción a la ingenieria industrial* (págs. 49,56). México: Alfaomega.

*Hilo fibra de vidrio en beam.* (2018). Recuperado el 10 de 08 de 2018, de https://www.aeroexpo.online/es/prod/saint-gobain-vetrotex/product-182792-37797.html#product-item_37798.

*KPI´s.* (29 de septiembre de 2017). Obtenido de https://blog.es.logicalis.com/analytics/kpis-qu%C3%A9-son-para-qu%C3%A9-sirven-y-por-qu%C3%A9-y-c%C3%B3mo-utilizarlos.

Krick, V. E. (2017). El proceso de diseño. En V. E. Krick, *Ingenieria de métodos* (págs. 29-73). México: Limusa Noriega Editores.

López, G.(2014)."Metodología Six Sigma: Calidad industrial", [En línea], Disponible en:http://ucapanama.org/wpcontent/uploads/2012/10/metodologia_six_sigma_seminario.pdf[Accesado en julio de 2014]

López, J. (5 de marzo de 2020). *Desperdicios e Indicadores de Productividad.* Obtenido de Desperdicios e Indicadores de Productividad: https://es.scribd.com/doc/132254504/Desperdicios-e-Indicadores-de-Productividad.

Nemur, L. (2016). Consejos y Atajos de Productividad para Personas Ocupadas. En L. Nemur, *Productividad.* México: BadPress.

*OPI´s.* (19 de ENERO de 2009). Obtenido de https://blogs.solidq.com/es/business-analytics/opis-indicadores-de-desempeno-operativos-parte-2/.

*OPL ó LUP.* (17 de junio de 2019). Obtenido de https://www. ingenieriaindustrialonline.com/gestion-y-control-de-calidad/ leccion-de-un-punto-lup-opl/.

Pozen, C. R. (2013). productividad. En C. R. Pozen, *Productividad extrema.* México: Gestion 2000.

Producto terminado. (2018). Recuperado el 10 de 08 de 2018, de https:// www.lifeder.com/producto-terminado/

Reig, E. (2015). lecciones para ser mas eficiente y competitivo. En E. Reig, *La productividad en la empresa : lecciones para ser más eficiente y competitivo.* México: Almuzara.

Rodriguez, C. A. (10 de enero de 2015). *Metodología de implementación de Kaizen y 7 desperdicios.* Obtenido de Metodología de implementación de Kaizen y 7 desperdicios: https://repository.eafit.edu.co/bitstream/ handle/10784/8300/CarlosAlberto_RodriguezAlvarez_2015. pdf?sequence=2.

Saint-gobain. (15 de enero de 2020). *adfors america.* Recuperado el 15 de 08 de 2018, de www.saintgobainamerica.com.

Industria Tejidos Industriales. (2019). Base de datos 2018. Xicotencatl, Tetla, Tlaxcala: Área de Planeación de la Producción.

James. W. Sawyer. (2016). Automotive Scrap. Recycling: Processes, Prices and Prospects. New York: RFF Press.

Socconini, L. (2014). para la excelencia en los negocios. En L. Socconini, *Certificación Lean Six Sigma Green Belt.* Barcelona, españa: Marge Books.

Stair, M. R. (2016). conceptos de información. En M. R. Stair, *Principios de sistemas de información* (págs. 5-14). México: Thomson.

The Drive & Control Compañy. (15 de Mayo de 2015). Sidex. Obtenido de Rexroth Bosch Group: https://www.sidex.es/sidex-downloads/ catalogos/sistemas-de-produccion-anual/consejos-de-ergonomia-para-sistemas-de-produccion-manual.pdf

# CAPÍTULO 4

## SISTEMA INTELIGENTE PARA EL MONITOREO DE LA PRODUCCIÓN DE LOMBRICOMPOSTA

Octavio Salvador García Luna[1], Rafael López Arroyo[1],
Rocío Ortiz Ramos[2], Cruz Norberto González Morales[3]

[1]División de Tecnologías y Sistemas de Información, Instituto
Tecnológico Superior de la Sierra Norte de Puebla, Av. José Luis
Martínez Vázquez número 2000, Jicolapa, Zacatlán, Puebla.
[2]División de Ciencias Económico Administrativas, Instituto
Tecnológico Superior de la Sierra Norte de Puebla, Av. José Luis
Martínez Vázquez número 2000, Jicolapa, Zacatlán, Puebla.
[3]Carrera Ingeniería en Mantenimiento Industrial, Universidad
Tecnológica de Tlaxcala, Carretera a Él Carmen Xalpatlahuaya
S/N Huamantla Tlaxcala, C.P. 90500, Huamantla, México.

## Resumen

En este documento se presenta el desarrollo de un sistema inteligente
para el monitoreo de la producción de lombricomposta. El sistema
inteligente cuenta con una placa atmega 2560, un módulo bluetooth,
cables dupont, una fotoresistencia como sensor de luz, portapilas
para 2 baterías recargables de litio de 3.7 V; un higrómetro de suelo
para la detección de humedad de la composta; un módulo sensor
de lluvia, módulo de pantalla color oled, un módulo sensor de ph,
un sensor de humedad y temperatura DHT11. Se ha elaborado una
placa electrónica que contiene los buses y componentes necesarios
para establecer comunicación efectiva entre el microcontrolador y
los sensores; el control se lleva a distancia mediante un dispositivo
móvil, al cual se le ha instalado la aplicación inteligente, que se
ha codificado previamente en App inventor. El presente estudio es

realizado en el Instituto Tecnológico Superior de la Sierra Norte de Puebla.

Palabras clave Sistema, Monitoreo, Control, Lombricomposta

# Abstract

This document presents the development of an intelligent system for monitoring vermicompost production. The intelligent system has an atmega 2560 board, a bluetooth module, dupont cables, a photo resistor as a light sensor, battery holder for 2 rechargeable 3.7 V lithium batteries; a soil hygrometer for the detection of humidity in the compost; a rain sensor module, an oled color display module, a ph sensor module, a DHT11 humidity and temperature sensor. An electronic board has been developed that contains the buses and components necessary to establish effective communication between the microcontroller and the sensors; the control is carried out remotely by means of a mobile device, to which the intelligent application has been installed, which has been previously coded in App inventor. This study is carried out at the Higher Technological Institute of the Sierra Norte de Puebla.

Keywords System, Monitoring, Control, Vermicompost

**Introdución**

En la sierra norte de Puebla, es realizada una encuesta a 50 campesinos sobre el abono que ocupan para sembrar sus campos, de los cuales el 56 % hace uso de abono orgánico, el 14 % ocupa fertilizante químico y 30 % solo en algunas ocasiones ocupa abono orgánico. El consumo mensual de abono por campesino es de 20 a 40 bultos de 50 kg, equivalente a una a dos toneladas. El uso del abono es más utilizado al inicio de la siembra; los productores de abono orgánico de la localidad de Koako, Tepetzintla, Puebla pretenden distribuir sus productos en el mes de enero en los Municipios colindantes de la región como son Huehuetla, Olintla, Hueitlalpan, ya que tiene la oportunidad de sembrar dos veces al año. Esperan un incremento adicional de 50%, por la venta de su producto a invernaderos, viveros y personas en otros estados de la república mexicana, por lo que requieren incrementar su producción según sus proyecciones.

Actualmente los productores de lombriz californiana y abono orgánico de la comunidad de Koako, ranchería del Municipio de Tepetzintla, Puebla; no cuentan con un sistema informático que les permita saber durante su proceso de producción si la humedad, temperatura y ph del suelo cuenta con las condiciones adecuadas para lograr una alta tasa de reproducción de lombriz roja ya que de ello depende la calidad y cantidad de sus productos.

El objetivo de este estudio es desarrollar un sistema informático que permita monitorear la producción de lombricomposta a distancia; su importancia radica en beneficiar a los productores de lombriz californiana y abono orgánico de Koako, Tepetzintla, Puebla. Entonces es posible monitorear a distancia la producción de lombricomposta a través de la implementación de un sistema informático instalado en un dispositivo móvil con la finalidad de manejar adecuadamente las condiciones de la mezcla en un ambiente controlado para lograr una alta tasa de producción y de excelente calidad de abono orgánico y lombriz californiana.

De Sanzo, en el 2000; propone un monitoreo constante de las condiciones de la composta y sus elementos, la ventaja de su propuesta son las recomendaciones para un óptimo desarrollo de la composta. Se estudia a Melgarejo, quien en 1997; evalúa algunos parámetros fisicoquímicos y nutrimentales en humus de lombriz y composta derivados de diferentes sustratos al observar el proceso para la producción de composta. Se consulta a Toccalino, et al, en el 2004. Porque estudia el comportamiento de la lombriz roja californiana según estación del año y bajo diferentes tipos de alimentación, respecto a la producción de humus se incrementa en mayor medida al utilizar estiércol de bovino. De acuerdo con Jacobo, et al, en 2017; el compostaje es una práctica ampliamente aceptada como sostenible y utilizada en todos los sistemas asociados a la agricultura climáticamente inteligente; apoya el desarrollo de la agricultura orgánica, orientado a la obtención de alimentos de alta calidad nutritiva sin el uso de agentes químicos.

## Metodología

Para el desarrollo del software es ocupado el modelado por prototipos, bajo las siguientes etapas, comunicación, plan y diseño rápido, construcción del prototipo, desarrollo, entrega, retroalimentación y entrega final. Se establece comunicación con los productores de la localidad de Koako de lombricomposta para realizar el levantamiento de los requerimientos necesarios para la construcción del sistema inteligente.

**Diseño de la interfaz**. Se procede a elaborar el plan y diseño rápido de acuerdo a las especificaciones solicitadas por el usuario o cliente tal y como se muestra en la figura 27.

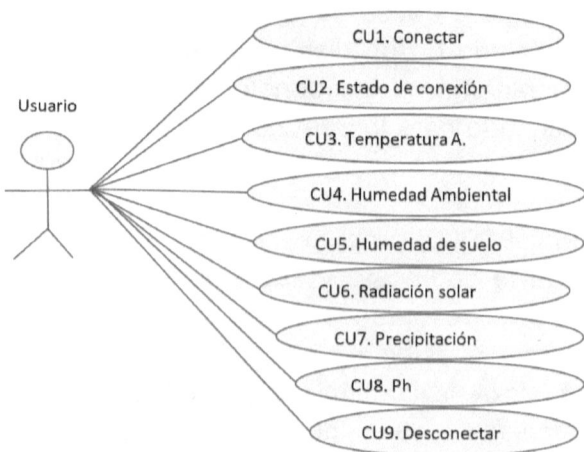

Figura 27. Diseño rápido de la interfaz de usuario

Para el diseño del sistema se realiza un análisis de las herramientas y tecnologías de programación, así como el material necesario para su instalación; el software ocupado es: *Java Processing Wiring, App inventor, Frintzing, Star UML, Photopea, Nox App player como un emulador de Android.* Para la construcción del prototipo es necesaria una placa atmega 2560, un módulo bluetooth, cables dupont, una foto resistencia como sensor de luz, porta pilas para 2 baterías recargables de litio de 3.7 V; un higrómetro de suelo para la detección de humedad de la composta; un módulo sensor de lluvia, módulo de pantalla color oled, un módulo sensor de pH, un sensor de humedad y temperatura DHT11, una placa fenólica, ácido férrico, pasta para soldar y soldadura fina.

**Ensamblado del prototipo:** es probado cada uno de los componentes electrónicos, como se observa en la figura 28.

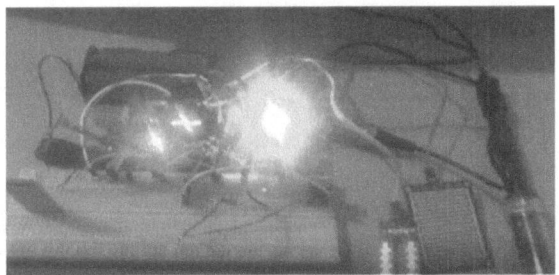

Figura 283. Programación y prueba de cada uno de los componentes electrónicos del sistema inteligente

Una vez que se han probado el funcionamiento de cada componente se realiza el diagrama de conexión del sistema inteligente como se muestra en la figura 29.

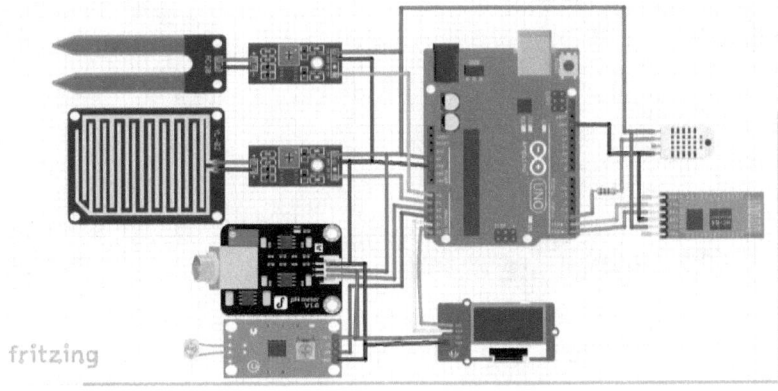

Figura 29. Diagrama de conexión del sistema inteligente para monitoreo de la producción de lombricomposta

El esquema electrónico de sistema inteligente es desarrollado en *Fritzing* y puede Consultarse en la figura 30.

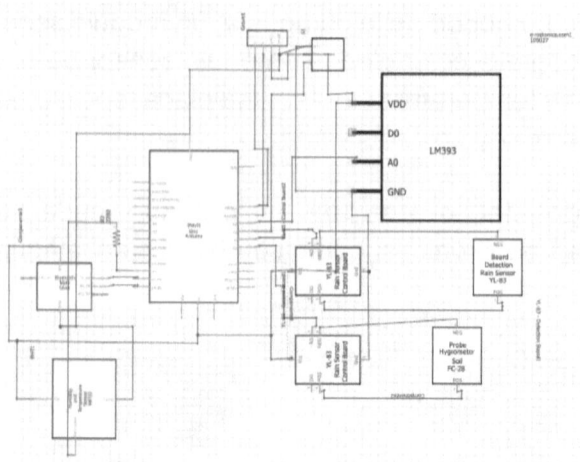

Figura 30. Esquema electrónico del sistema inteligente
para monitoreo de la producción de lombricomposta

Posteriormente se procede a elaborar el diseño de la placa impresa donde serán ensamblados los componentes electrónicos como se ve en la figura 31.

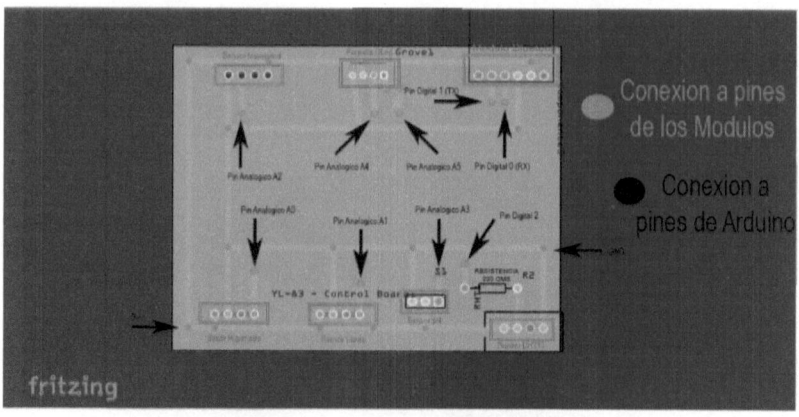

Figura 31. PCB del sistema inteligente de monitoreo
de la producción de lombricomposta

**Para el funcionamiento de la placa es necesario descargar el firmware** (programa) al microcontrolador.

```
#include <DHT.h> //Inluir libreria de sensor dht11
#define DHTPIN 2 //definir pin de datos del dht11
#define DHTTYPE DHT11 //definir tipo de sensor
DHT dht(DHTPIN, DHTTYPE); //definir variables a utilizar por el sensor
String h = "", t = "", hs = "", ll = "", lu = "", pH = ""; //declarar variables para
métodos de la pantalla Oled
String impTempAmb = ""; //Declarar variable para mostrar datos
String impHumAmb = ""; //Declarar variable para mostrar datos
String impHumSue = ""; //Declarar variable para mostrar datos
String impIntLlu = "";//Declarar variable para mostrar datos
String impIntLum = "";//Declarar variable para mostrar datos
String impNivelpH = "";//Declrar variable para mostrar datos
int tempAmb; //Declarar variable entero para convertir
int humeAmb; //Declarar variable entero para convertir
int humeSue; //Declarar variable entero para convertir
int humedadSuelo;//Declarar variable entero para convertir el mapeo de
porcentaje
int intLluvia;//Declarar variables entero para convertir el mapeo de porcentaje
int intensidadLluvia;//Declarar variable entero para convertir el mapeo de
porcentaje
int intLum;//Declarar variable entero para convertir el mapeo de porcentaje
int IntensidadLuminosa;//Declarar variable entero para convertir el mapeo
de porcentaje
int Po;//Declarar variable entero para convertir el mapeo del sensor de pH
char buffer[10];//variable para envío de datos al puerto Serie
#include <U8glib.h> //Incluir libreria de pantalla
U8GLIB_SSD1306_128X64 u8g(U8G_I2C_OPT_DEV_0|U8G_I2C_OPT_
NO_ACK|U8G_I2C_OPT_FAST); //Definir tipo de pantalla y parametros
int tiempo = 0; //Declarar variable para llevar tiempo de las muestras
void setup() {Serial.begin(9600);//Declaración de baudios
dht.begin();//Inicialización de sensor dht}
void configuracionOled(void){//Método definir parámetros de pantalla
u8g.setFont(u8g_font_ncenB08);//Declaración de el tipo de letra a utilizar
en la pantalla Oled
u8g.setFontRefHeightExtendedText();//Configuración del texto de la
pantalla Oled
u8g.setDefaultForegroundColor();//Parámetro de coloreado de la pantalla Oled
u8g.setFontPosTop();//Ubicación del texto de la pantalla Oled}
```

```
void eslogan(void){//Método eslogan y nombre de la empresa
if(tiempo>3 && tiempo<=12){//Condicional si para controlar el tiempo de
muestreo del eslogan en la pantalla Oled
u8g.drawStr(0,0, "Nutriendo la Tierra");//Mostrar en la pantalla oled el eslogan
u8g.drawStr(0,20,"para una Mejor Vida");//Mostrar en la pantalla oled el eslogan
u8g.setFont(u8g_font_helvB14);//Declaración del tipo de letra a utilizar
para el eslogan
u8g.setFontPosTop();//Ubicación del texto de la pantalla Oled
u8g.drawStr(15,38,"Tlal Kuali");//Mostrar en la pantalla oled el nombre de
la empresa}}
void datos(String h, String t, String hs, String ll, String lu, String pH){//
Mostrar datos de muestra en pantalla oled
if(tiempo>12){//Condicional si para controlar el tiempo de muestreo del
eslogan en la pantalla Oled
impTempAmb = "Temp Ambiente "+t+" *C";//Imprimir en la pantalla oled los
datos de la temperatura ambiental
impHumAmb = "Hum Ambiente "+h+ "%";//Imprimir en la pantalla oled los
datos de la humedad ambiental
impHumSue = "Hum Suelo" +hs+ "%";//Imprimir en la pantalla oled los
datos de la humedad del suelo
impIntLlu = "Int Lluvia" + ll + "%";//Imprimir en la pantalla oled los datos de
la intensidad de lluvia
impIntLum = "Int Luminosidad" + lu + "%";//Imprimir en la pantalla oled los
datos de la intensidad de lluvia
impNivelpH = "Nivel pH" + pH;//Imprimir en la pantalla oled los datos del
Nivel de pH
const char* nuevaTA= (const char*)impTempAmb.c_str();//Convesión de
los datos de la temperatura ambiental a una constante de tipo cadena para
poder imprimir en la pantalla oled
const char* nuevaHA= (const char*)impHumAmb.c_str();//Convesión de
los datos de la humedad ambiental a una constante de tipo cadena para
poder imprimir en la pantalla oled
const char* nuevaHS= (const char*)impHumSue.c_str();//Convesión de los
datos de la humedad del suelo a una constante de tipo cadena para poder
imprimir en la pantalla oled
const char* nuevaLL= (const char*)impIntLlu.c_str();//Convesión de los
datos de la intensidad de lluvia a una constante de tipo cadena para poder
imprimir en la pantalla oled
const char* nuevaLU= (const char*)impIntLum.c_str();//Convesión de los
datos de la intensidad luminosa a una constante de tipo cadena para poder
imprimir en la pantalla oled
```

```
const char* nuevaPH= (const char*)impNivelpH.c_str();//Convesión de los
```
datos del nivel de pH a una constante de tipo cadena para poder imprimir
en la pantalla oled
```
u8g.drawStr(0,5,nuevaTA);//Declaración de los pixeles en los que se ubica
```
la constante de temperatura ambiental
```
u8g.drawStr(0,15,nuevaHA);//Declaración de los pixeles en los que se
```
ubica la constante de humedad ambiental
```
u8g.drawStr(0,25,nuevaHS);//Declaración de los pixeles en los que se
```
ubica la constante de humedad del suelo
```
u8g.drawStr(0,35,nuevaLL);//Declaración de los pixeles en los que se
```
ubica la constante de intensidad de lluvia
```
u8g.drawStr(0,45,nuevaLU);//Declaración de los pixeles en los que se
```
ubica la constante de intensidad luminosa
```
u8g.drawStr(0,55,nuevaPH);//Declaración de los pixeles en los que se
```
ubica la constante de nivel de pH}}
```
void dibujar(void){//Mostrar datos
configuracionOled();//Mandar a llamar el método ConfiguracionOled
mostrarLogo();//Mandar a llamar el método MostrarLogo
eslogan();//Mandar a llamar el método Eslogan}
void loop() {
tempAmb = dht.readTemperature();//Lectura de la temperatura y
```
almacenaje en la variable tempAmb
```
humeAmb = dht.readHumidity();//Lectura de la humedad con el sensor
```
DHT11 y almacenaje en la variable humeAmb
```
humedadSuelo = (analogRead(0));//Lectura del pin analógico (A0)- (Sensor
```
de humedad de suelo) y almacenaje en la variable hemdadSuelo
```
humeSue = map(humedadSuelo,0,1023,100,0);//Mapeo de la lectura del
```
pin (A0) para conversión a porcentaje
```
intensidadLluvia = (analogRead(1));//Lectura del pin analógico (A1)- (Sensor
```
de intensidad de lluvia) y almacenaje en la variable intensidadLluvia
```
intLluvia = map(intensidadLluvia,0,1023,100,0);//Mapeo de la lectura del
```
pin (A1) para conversión a porcentaje
```
IntensidadLuminosa = (analogRead(2));//Lectura del pin analógico (A2)-
```
(Sensor de intensidad luminosa) y almacenaje en la variable int
```
intLum = map(IntensidadLuminosa,0,1023,0,100);//Mapeo de la lectura del
```
pin (A2) para conversión a porcentaje
```
Po = (1023 - analogRead(A3)) / 73.07;//Calibración del sensor de pH y
```
almacenajede los datos obtenidos en la variable Po
```
h = String(humeAmb,DEC);//Conversión de los datos a variable de tipo
```
String para su muestreo en pantalla

t = String(tempAmb,DEC);//Conversión de los datos a variable de tipo String para su muestreo en pantalla

hs = String(humeSue,DEC);//Conversión de los datos a variable de tipo String para su muestreo en pantalla

ll = String(intLluvia,DEC);//Conversión de los datos a variable de tipo String para su muestreo en pantalla

lu = String(intLum,DEC);//Conversión de los datos a variable de tipo String para su muestreo en pantalla

pH = String(Po,DEC);//Conversión de los datos a variable de tipo String para su muestreo en pantalla

sprintf(buffer, "%d,%d,%d,%d,%d,%d,", tempAmb,humeAmb,humeSue, intLum,intLluvia,Po);//Variable buffer para imprimir en el puerto serie los datos

Serial.println(buffer);//Mostrar en el puerto serie los datos almacenados

delay(1000);//Retraso de 1 segundo

tiempo = millis()/1000;//variable tiempo en igual a la conversión de milisegundos a segundos

u8g.firstPage();//Primera página de pantalla Oled

do{dibujar();//Instanciar método dibujar

datos(h,t,hs,ll,lu,pH);//Instanciar método datos con sus respectivas variables}

while(u8g.nextPage());//Ciclo para avanzar de pantalla}

## Programación del dispositivo móvil.

Para la codificación de la interfaz del dispositivo móvil se utiliza *AppInventor* en su versión beta, en las figuras 32 y 33 se muestra la programación gráfica

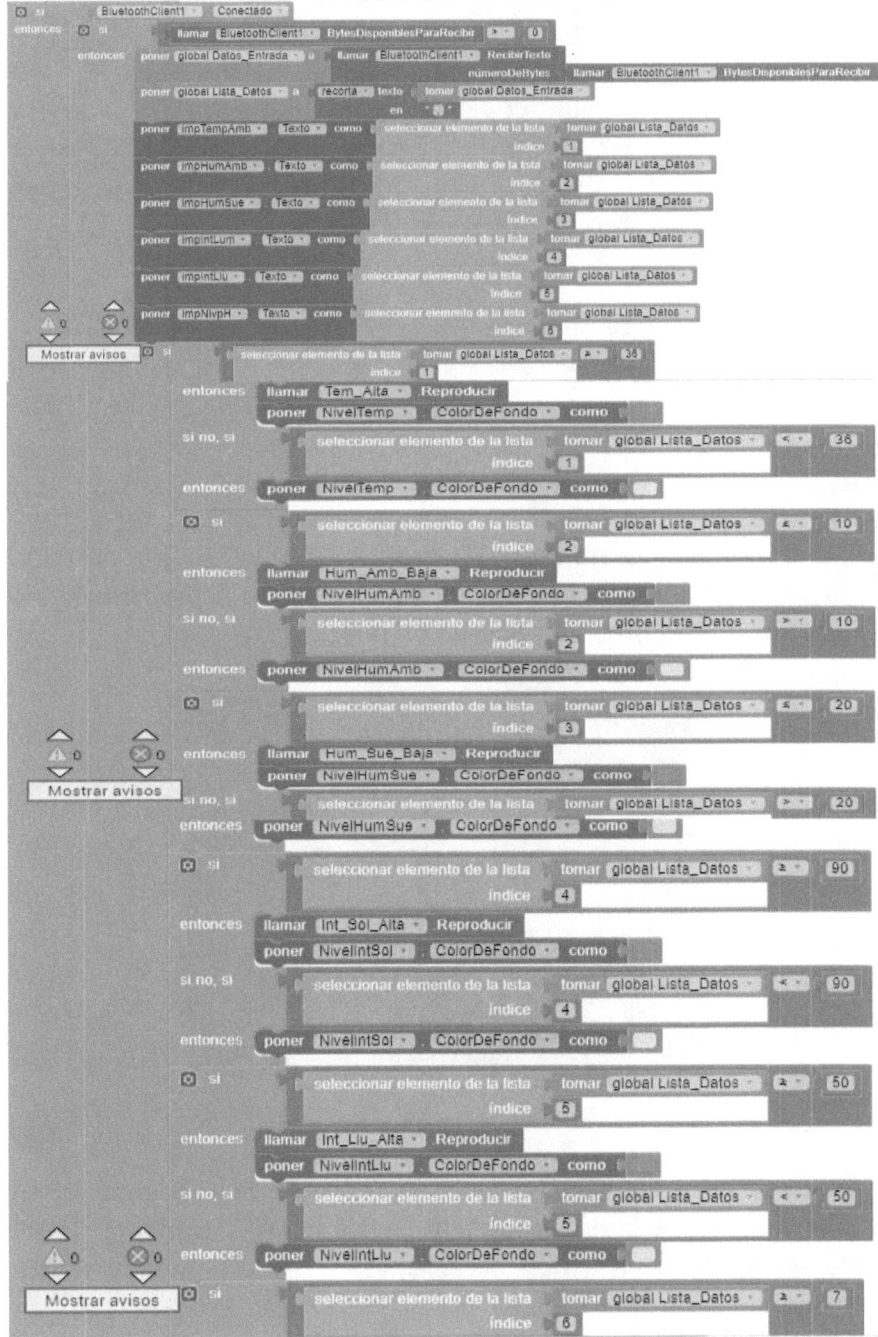

Figura 32. Código parte 1 de la interfaz del dispositivo
móvil programada en App inventor

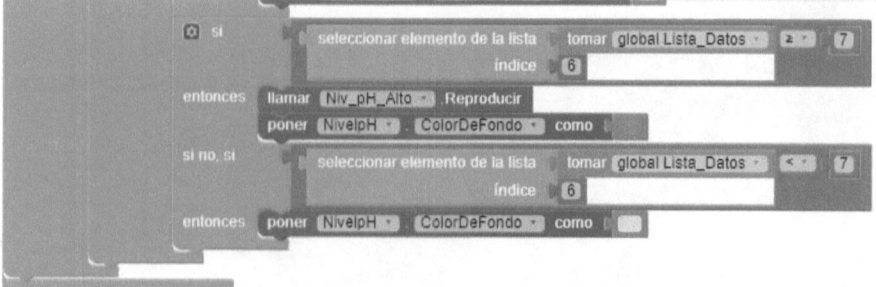

Figura 33. Código parte 2 de la interfaz del dispositivo
móvil programada en App inventor

## Resultados

En la localidad de Koako, Tepetzintla, Puebla, se ha probado
el sistema de inteligente para el monitoreo en la producción de
lombricomposta como se observa en la figura 34.

Figura 34. Prueba de los sensores del prototipo

Se ha elaborado una placa electrónica en la que se encuentran
ensamblados los diferentes módulos para el buen funcionamiento del
sistema inteligente para monitorear la producción de lombricomposta
como se ve en la figura 35.

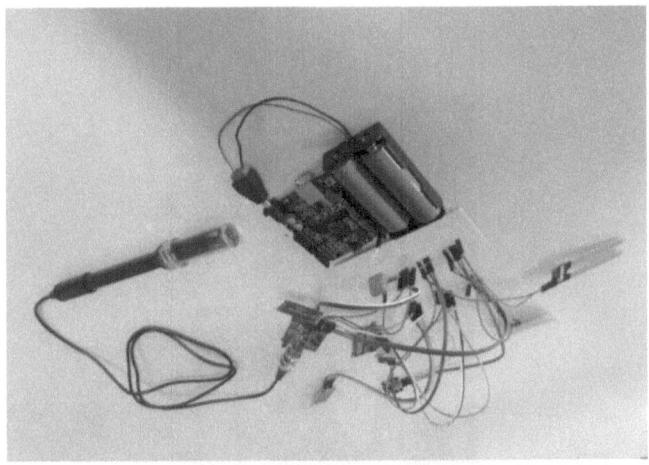

Figura 35. Placa electrónica con los sensores
electrónicos ensamblados del prototipo

El hardware del prototipo es montado en una caja de madera para su facil traslado e implementación como se muestra en las figuras 36 y 37.

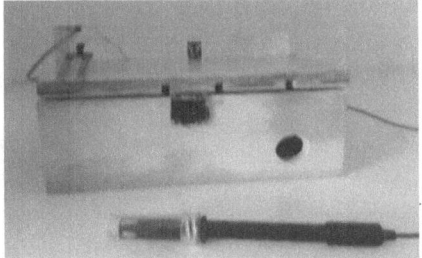

Figura 36. Hardware del sistema     Figura 37. Prototipo para monitorear

Se ha programado una aplicación para dispositivos móviles como se muestra en la figura 38, la cual permite comunicarse de forma efectiva entre el microcontrolador y los diferentes sensores con la finalidad de mantener, vigilar, monitorear y controlar las variables (temperatura y humedad ambiental, la radiación solar, la humedad del suelo, la precipitación y el pH) que permitan las condiciones adecuadas para incrementar la producción de lombriz roja californiana y sustrato de calidad.

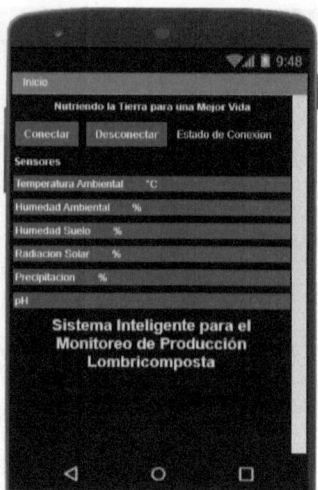

Figura 38. Aplicación del sistema inteligente

Si durante el proceso de producción de la lombricomposta, los indicadores se disparan o están por debajo de los rangos establecidos; el sistema informático muestra el aumento de pH y la disminución de la humedad del suelo o según sea el caso como se observa en la figura 39. Por lo tanto, es recomendable controlar las condiciones en las que se encuentra la lombriz roja para lograr que su reproducción aumente en beneficio de los productores.

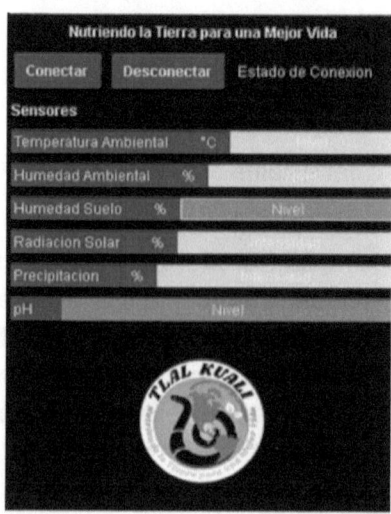

Figura 39. Alerta del sistema inteligente

# Conclusiones

Se ha desarrollado un sistema inteligente que permite el monitoreo de la producción de lombricomposta a distancia, cuenta con una aplicación para dispositivos móviles fácil de instalar, la interfaz ya instalada establece una comunicación efectiva con los diferentes sensores implementados. Con el sistema inteligente se ha logrado monitorear la temperatura del suelo en condiciones idóneas para la reproducción de lombriz roja la cual oscila entre 21° y 30° C, si la temperatura del suelo se encuentra fuera de este rango, el sistema muestra una alerta en el indicador correspondiente. Con la propuesta del sistema inteligente se asegura y mantiene un ambiente controlado para la obtención óptima de la composta e incremento de la producción de lombriz californiana.

# Referencias bibliograficas

María del Rosario Jacobo Salcedo; Uriel Figueroa Viramontes; Sandra Patricia Maciel Torres; Lourdes Lucia López Romero; Arcadio Muñoz Villalobos. Elementos menores en composta producida a partir de estiércol de engorda y rastrojo de maíz. Agrofaz. Vol. 17. No. 2. 2017. Pp 61-71.

Calos Alberto de Sanzo, Aníbal Rubén Ravera. Como criar lombrices rojas californianas. Editorial Bueno Aires. Argentina. 1999. Pp. 41.

Myriam Rocío Melgarejo P; María Inés Ballesteros G; Myriam Bendeck L. Evaluación de algunos parámetros fisicoquímicos y nutricionales en humus de lombriz y compostas derivados de diferentes sustratos. Revista Colombiana de Química. Vol. 26. No. 2. 1997. Pp 11-19.

Toccalino, P.A.; Agüero, M.C.; Serebrinsky, C.A.; Roux, J.P. Comportamiento reproductivo de lombriz roja californiana (Eisenia foetida) según estación del año y tipo de alimentación. Revista Veterinaria.Vol. 15. No. 2. 2004. Pp. 65-69.

# CAPÍTULO 5

## DESARROLLO DE UNA APLICACIÓN PARA OPTIMIZAR EL CONSUMO DE ENERGÍA ELÉCTRICA

Alan Gerardo Ibarra González [1], Brian Manuel González Contreras[2], Leticia Flores Pulido[2], Javier Hilario Reyes Córdova[3]

[1]División de Tecnologías y Sistemas de Información, Instituto Tecnológico Superior de la Sierra Norte de Puebla, Av. José Luis Martínez Vázquez número 2000, Jicolapa, Zacatlán, Puebla.
[2]Universidad Autónoma de Tlaxcala, Facultad de Ciencias Básicas, Ingeniería y Tecnología, Carretera Apizaquito S/N, Apizaco, Tlaxcala.
[3]Universidad Tecnológica de Tehuacán. Carrera de Procesos y Operaciones Industriales, Prolongación de la 1 sur No.1101 San Pablo Tepetzingo C.P. 75859 Tehuacán, Puebla. México.

## Resumen

En éste documento se presenta el resultado del diseño, codificación de una aplicación para dispositivos móviles con la finalidad de capturar el interés de los usuarios probables, pero también mostrar y calcular los parámetros más importantes para un sistema de energía, para ello se realiza una revisión de literatura, se aborda el problema del voltaje en los equipos industriales, destacando la importancia que tiene la electrónica de potencia en la distribución de energía actual y futura, además de realizar el comparativo de reservas, consumo y generación de energía eléctrica en México comparada con otros países del mundo. El estudio se realiza de forma conjunta entre la Universidad Autónoma de Tlaxcala y el Instituto Tecnológico Superior de la Sierra Norte de Puebla. México.

Palabras clave: Interfaz, Optimización, Control, Energía, Eléctrica

## Abstract

This document presents the result of the design, coding of an application for mobile devices in order to capture the interest of likely users, but also to show and calculate the most important parameters for an energy system. A literature review is carried out, the problem of voltage in industrial equipment is addressed, highlighting the importance of power electronics in the current and future distribution of energy, in addition to comparing reserves, consumption and generation of electric power in Mexico compared to other countries in the world. The study is carried out jointly by the Autonomous University of Tlaxcala and the Higher Technological Institute of the Sierra Norte de Puebla. Mexico.

Key words: Interface, Optimization, Control, Energy, Electrical

## Introdución

La importancia de este estudio radica en el desarrollo de una interfaz inalámbrica, intuitiva y fácil de operar que calcula los parámetros más importantes de un sistema de energía. Como puede observarse en la figura 40, países como China y Estados Unidos, se ubican dentro de los primeros lugares en consumo de energía primaria (petróleo, gas, carbón, hidroeléctrica, nuclear y renovable). El consumo de energía es debido al uso de vehículos, motores, bombas, ventiladores, entre otros.

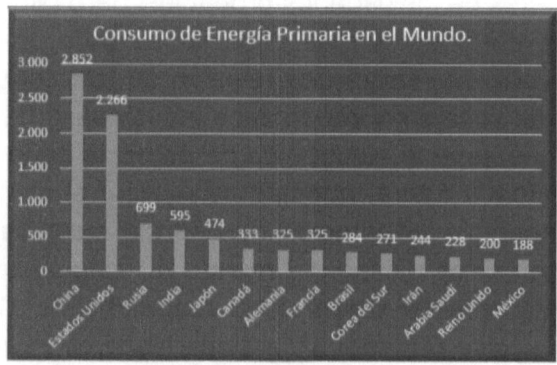

Figura 40. consumo de Energía Primaria en el Mundo

El problema del voltaje, afecta la calidad de energía en las unidades de control lógico programable-(PLC) contactores y accionamientos de velocidad ajustable en los equipos industriales, para Liserre, et al, en el 2010; cuando se produce un hundimiento de tensión, el PLC, puede reiniciarse con el proceso en ejecución; produciendo un apagado no planeado en el proceso de producción. Según Bimal, en el 2010, en un futuro muy cercano se utilizará la electrónica de potencia para mejorar la eficiencia en la generación, trasmisión y distribución de energía a través de redes inteligentes. Si nos remontamos tiempo a tras podremos observar en la figura 41, la evolución industrial desde la edad del musculo hasta la revolución de la electrónica de potencia.

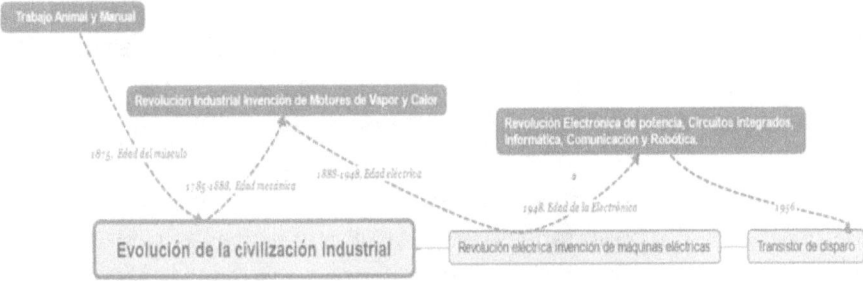

Figura 41. Evolución de la civilización Industrial

La revolución industrial surge a partir de 1785-1888, con la invención de los motores de vapor, calor, de combustión interna, síncronos y de inducción, dando paso a la revolución eléctrica de 1888-1948, donde aparecen los transistores, máquinas eléctricas y la electrónica de potencia, generándose gran consumo de energía eléctrica por la aparición de circuitos integrados, la informática, comunicación y robótica. En la figura 42, encontraremos los puntos de referencia que marcan la evolución industrial.

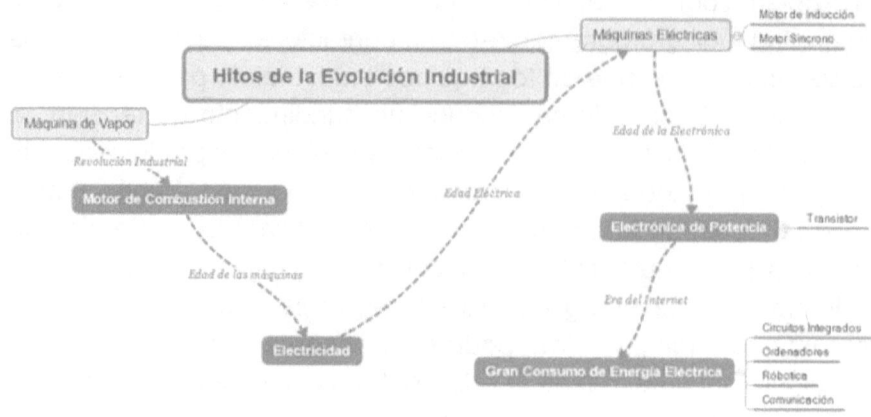

Figura 42. Hitos de la evolución industrial

Debemos estar conscientes que los recursos no renovables utilizados para la generación de energía se están terminando. Como puede observarse la figura 43, según Bose, en el 2010, las reservas de carbón son por 200 años, el uranio 50 años, el petróleo 100 años y el gas natural 150 años. Las adopciones de futuras políticas de mitigación de carbono facilitarán el equilibrio entre las restricciones de emisiones por el uso de los recursos fósiles para cubrir las necesidades de energía en el futuro.

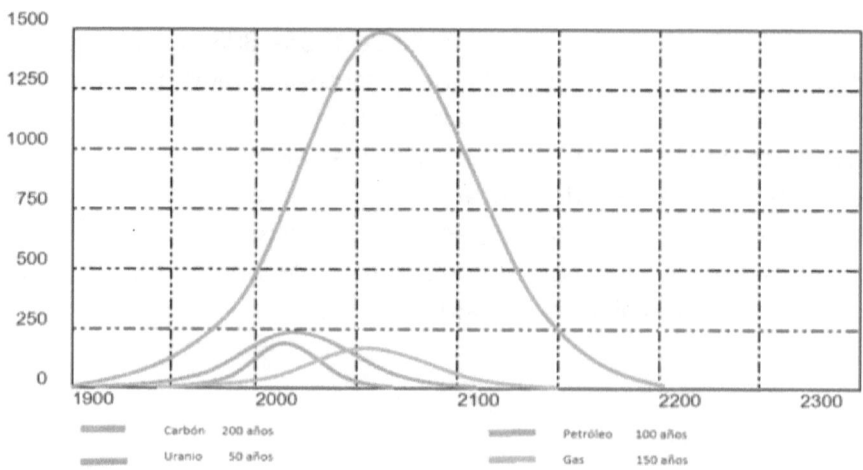

Figura 43. Curvas idealizadas de agotamiento de energía del mundo

La importancia de la electrónica de potencia en la distribución de energía actual y futura radica en el gran consumo de energía. Según, B. P. Statistical Review of World Energy, en el 2014, la generación de energía eléctrica en el mundo es de 23,127 TWh, mediante el uso de combustibles fósiles; con la revolución de la electrónica de potencia, la demanda de energía es cada vez más, un inconveniente al utilizar combustibles fósiles, es la contaminación; el carbón tiene impactos ambientales como óxidos de azufre, óxidos de nitrógeno y partículas, contribuyendo al calentamiento global, en los próximos 100 años, se pronostica que la temperatura a nivel mundial tenga un incremento de 5C; las ventajas de usar el gas natural es que su combustión que no deja residuos consistentes, existen grandes cantidades en el mercado, es económico de extraer, transportar y quemar, una desventaja es la producción gases de efecto invernadero que dañan al clima, no es una fuente de energía renovable, es difícil para almacenar, es un recurso valioso para la generación de electricidad, ocupa muchísimo más espacio que un líquido o que un sólido, para almacenarlo es necesario comprimirlo a presiones muy altas o licuarlo a temperaturas bajísimas, erogando gastos energéticos extra. En la figura 44, se muestra las reservas de energía primaria en México comparada con la de otros países del mundo.

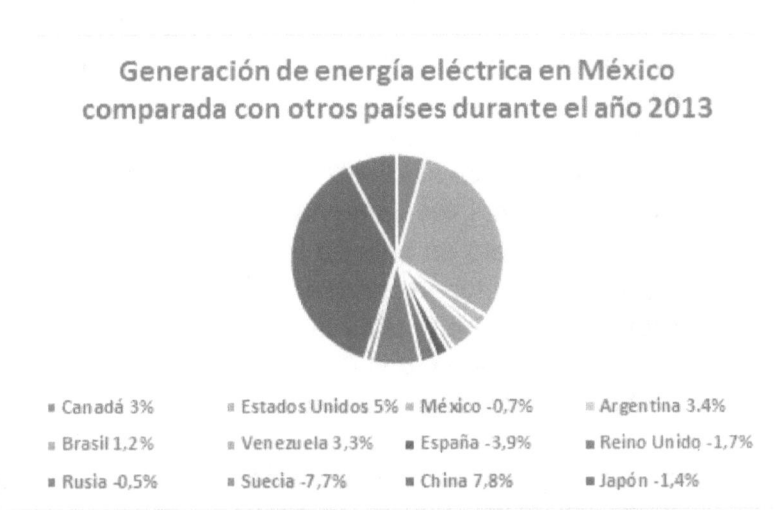

Figura 44. Reservas de energía eléctrica en México

La generación y uso de energías limpias actualmente representan un ahorro para el usuario final, así como también nos permite tener conciencia de mantener y preservar el mundo donde vivimos para las próximas generaciones. Como se muestra en la figura 45.

| | Estados Unidos | Japón | China | India | México | Brasil | España | Rusia | India | Canada | Alemania |
|---|---|---|---|---|---|---|---|---|---|---|---|
| ■ Renovable | 9% | 15% | 16% | 15% | 2,50% | 13% | 16,80% | 0% | 0% | 4% | 29,70% |
| ■ Nuclear | 20% | 31% | 2% | 3% | 5,64% | 2,86% | 20,45% | 18,57% | 3,53% | 16,80% | 15,85% |
| ■ Petróleo | 4% | 10% | 8% | 8% | 10,30% | 20,20% | 0% | 23,60% | 0% | 0% | 0% |
| ■ Gas Natural | 12% | 23% | 0% | 1% | 0,90% | 9,80% | 0,01% | 16,80% | 0,70% | 1,10% | 0,90% |
| ■ Carbón | 55% | 25% | 74% | 73% | 0,10% | 0,70% | 0,10% | 17,60% | 6,80% | 0,80% | 4,50% |

■ Renovable   ■ Nuclear   ■ Petróleo   ■ Gas Natural   ■ Carbón

Figura 45. Generación de energía comparada con otros países

La capacidad de China en generación de energía es de 77.42 gigavatios por hora (GW/h), siendo el productor de energía solar ms grande del mundo. Alemania consume un España, la energía consumida es de 19.1%. El 10% de energía es generada a través de la hidroeléctrica, la solar alcanza un 5.2%, y un 2% es termal. Costa Rica, en el 2016 ha usado 1.9% de combustible fósil. El país se ha sostenido casi por completo en energía renovable durante un año. Islandia es el mayor productor de energía verde por ciudadano, es el mayor productor de electricidad por cada ciudadano. El 85% de toda la energía consumida es verde, con un 65% de energía geotermal, calentando los hogares de los ciudadanos.

La electricidad, obtenida es del 75% hidroeléctrica y 25% geotermal. Irlanda, es el primer país que prohibirá la inversión de combustibles fósiles. Tienen como fecha límite hasta el 2023, los fondos públicos irlandeses no podrán destinarse a gas natural, carbón o petróleo.

Suecia ha ratificado una ley que obliga a gobiernos futuros a alcanzar un porcentaje de 0 emisiones en 2045. La mitad de la energía consumida por los suecos provienen de energías renovables. Su mayor fuente es la energía hidroeléctrica, seguida del viento y luego la energía solar. Brasil, el 85.4% de la energía consumida procede de fuentes renovables.

Canadá, en 2012, consiguió que el 65% de energía consumida fuese de energías renovadas, mediante la energía hidroeléctrica, la eólica, biomasa y solar. El carbón y otros combustibles fósiles seguirán suministrando casi el 70% por ciento del consumo mundial de energía, por lo menos hasta 2040, de acuerdo con estimaciones del Servicio Geológico Mexicano. Aun cuando se utilice energía proveniente de recursos renovables, se tiene invariabilidad en el voltaje lo que representa un problema en la calidad de energía. Para Guerrero, et al, en el 2010, la próxima revolución industrial en el sistema de energía, estará basado en tecnología Smart-Grid, algoritmos de extracción de potencia máxima de integración del convertidor de potencia para reducir el problema de menor producción de energía, algoritmos de detección para monitorear el funcionamiento de una microgrid inteligente.

Las redes se basan en enlaces de fibra óptica que se instalan en paralelo a la red de alto voltaje, y conectan a subestaciones primarias, grandes centrales eléctricas basadas en salas de control, conectadas con internet. La comunicación se basa en servicios móviles. La eficiencia de las fuentes renovables disminuye cuando los módulos no coinciden idénticamente en la salida de potencia. Las ventajas de los inversores multinivel es la calidad de alta potencia y Bajo ruido. Algunas de las desventajas del convertidor multinivel, es la complejidad de la estructura y la necesidad de muchos conmutadores.

Ping Huangg, et al, en el 201, presentó recientes desarrollos de las energías renovables en China, en forma de clusters, uno para la energía solar y eólica. En Jiangsu, la planificación de arriba hacia abajo iniciada por los gobiernos locales es un fuerte factor que permite el desarrollo y la evolución de los clusters. La cultura de consumo de la gente y las prácticas sociales es un aspecto imprescindible de las transiciones de energía. Según datos estadísticos de la Administración Nacional de Energía, se han doblado las instalaciones fotovoltaicas; los principales países que destacan por el uso de energías renovables son: China, la India, Alemania, Islandia, Brasil, Canadá y España. Como aparece en la figura 46, Thomas y Daniela, en el 2017, examinan modelos E/S para la evaluación de políticas de energía renovable, basados

en agentes, en análisis multicriterio y enfoques híbridos, así como los enfoques cuantitativo, cualitativo e híbrido para la planificación y evaluación de políticas de energía renovable. La dinámica del sistema es una técnica de modelado que se adapta a una amplia variedad de preguntas de investigación con un alto grado de trazabilidad y transferibilidad. La evaluación del análisis multicriterio es fuerte en nichos donde los otros enfoques de evaluación podrían fallar. El análisis multicriterio se puede implementar en los marcos informáticos. Su principal inconveniente es que no es posible obtener información sobre si hacer una acción o es mejor no hacer nada. Los modelos híbridos son combinaciones de las diferentes metodologías de evaluación de políticas.

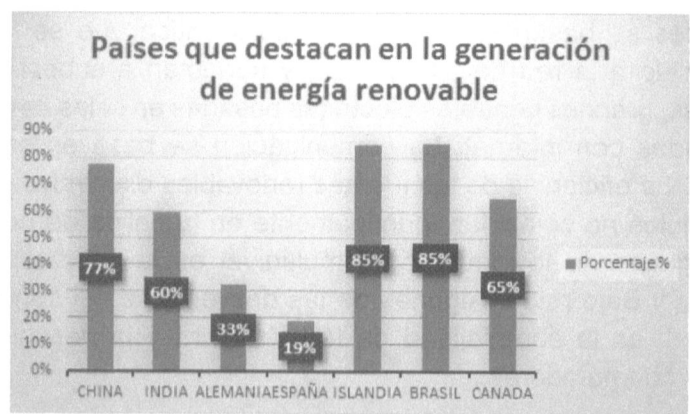

Figura 46. Generación de energía comparada con otros países

Manish y Cherian, en el 2017, presentaron requerimientos necesarios para la selección de proyectos de inversión en energía renovable para la toma de decisiones. Para obtener la solución, utilizan el método VIKOR, que da el criterio de clasificación multicriterio con la medida particular de cercanía a la solución ideal. Ponderando la importancia de los diferentes criterios para la clasificación de las alternativas dadas, utilizaron la técnica AHP con el método VIKOR que permite al tomador de decisiones asignar los valores de importancia relativa a los atributos con sus preferencias. Los resultados han demostrado que la alternativa de la turbina eólica es la mejor opción, seguida por la alternativa fotovoltaica.

Marisa y Mark, en el 2017, realizaron un estudio sobre el costo excedente de energía calculado para los recursos fósiles y minerales en comparación con la escasez de recursos causada por las tecnologías de producción de electricidad renovable y no renovable. Los combustibles fósiles siempre dominan los costos excedentes de la producción de electricidad en comparación con los recursos minerales, incluso con tecnologías renovables que no requieren la quema de combustibles fósiles para producir electricidad. Las tecnologías de producción de electricidad alimentadas por los recursos fósiles resultan los mayores costos excedentes y la energía hidroeléctrica del embalse y la corriente de río tienen los menores costos excedentes por megavatio hora producidos. Este estudio de caso muestra que el método del costo excedente facilita la evaluación de las compensaciones entre el uso de recursos minerales y fósiles en la evaluación del ciclo de vida.

Para Veysel y Sezi, en el 2017, la energía renovable es una energía convencional cuyas fuentes son finitas y que se hacen caras en el tiempo. Su importancia radica en la determinación de la tecnología de generación de energía en un entorno dinámico. Para hacer frente a problemas complejos en el sector de la energía, se aplicó un modelo de HFCM. En este estudio, las relaciones causales entre conceptos en la generación de energía solar y eólica se describen por conjuntos lingüísticos que permiten que el experto exprese las evaluaciones con el lenguaje natural.

Estos lingüistas se transforman en funciones de pertenencia difusa trapezoidal usando operaciones HFLTS y OWA. Las funciones de pertenencia difusas trapezoidales se definen con el método de la media ponderada y se transforman en el intervalo de la matriz real. La matriz de peso y el estado inicial de los factores se incluyen el proceso de iteración dentro de la función umbral tangencial hiperbólica hasta la convergencia. Los valores convergentes representan el estado estacionario de los factores en el modelo. En las aplicaciones de muestreo, se diseñan tres escenarios de acuerdo con la situación actual de los sistemas de energía solar y se verifica la exactitud del modelo teórico de energía y la usabilidad de la herramienta HFCM generada.

El proceso de simulación muestra la manera en que esta política y regulación, que se refiere al apoyo y la responsabilidad internacional de los gobiernos. Sin embargo, la aplicabilidad técnica para los sistemas solares y de viento, y los factores de transmisión, no tienen un impacto importante en los nuevos sistemas de energía verde. En un futuro los sistemas de energía solar y eólica pueden dividirse en sus campos especiales e investigar sus principales factores utilizando el HFCM como herramienta de modelado y simulación. A futuro se puede incluir la mejora de los modelos de simulación de CFM y HFCM que son útiles para analizar sistemas de vida real y representar la expresión lingüística de expertos en los modelos figura 47.

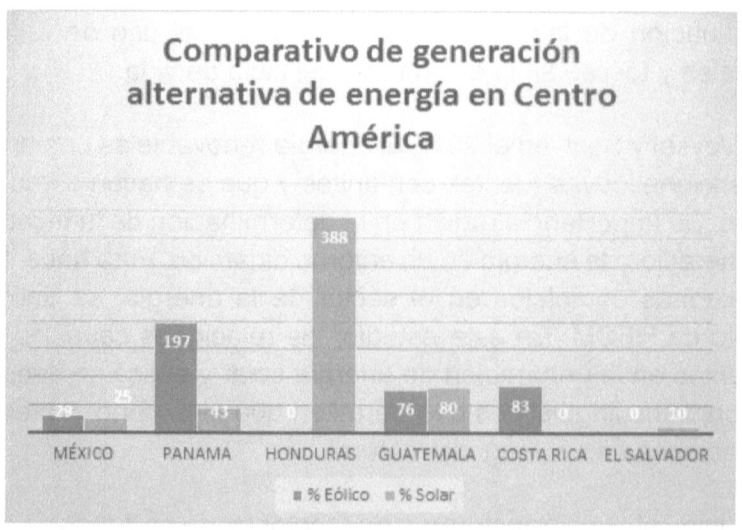

Figura 47. Comparativo de generación de energía eléctrica en México con otros países de centro América.

## Metodología

La metodología ocupada para el desarrollo de la aplicación para dispositivos móviles es lógica difusa para el sistema de control con la finalidad de optimizar el ahorro de energía. Para el diseño general de sistema, se utiliza *StarUml* como muestra en la figura 48; en la figura 49, se toma en cuenta los parámetros de un sistema de energía en base al control de un Microgrid propuesto por Rajesh, et al, en el 2017, una vez establecida la comunicación con el Grid se procede al cálculo de la variable P, con la finalidad de determiner que la potencia se active, utilizando un controlador para la frecuencia y el control secundario. Si se determina el error y voltaje mediante el valor del microgrid para enviar todas las unidades sea possible definer, medir, y restaurar la frecuencia del voltaje. Si la frecuencia es mayor a cero, el microgrid genera más energía que la demandada y necesita inyectar potencia reactiva a la red de almacenamiento, si no el microgrid genera menor energía que la demenada y necesita absorber potencia reactiva de la red o almacenamiento de voltaje.

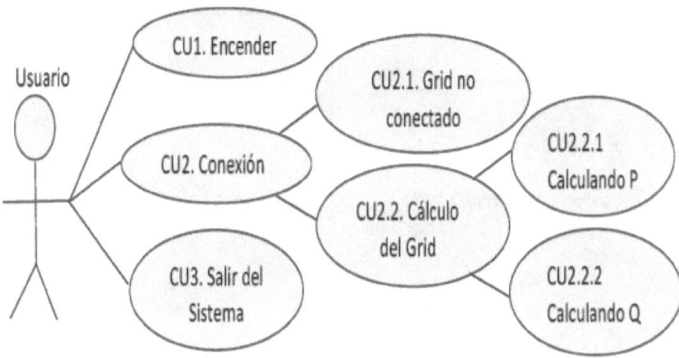

Figura 48. Diseño de la interfaz del sistema de energía del microgrid

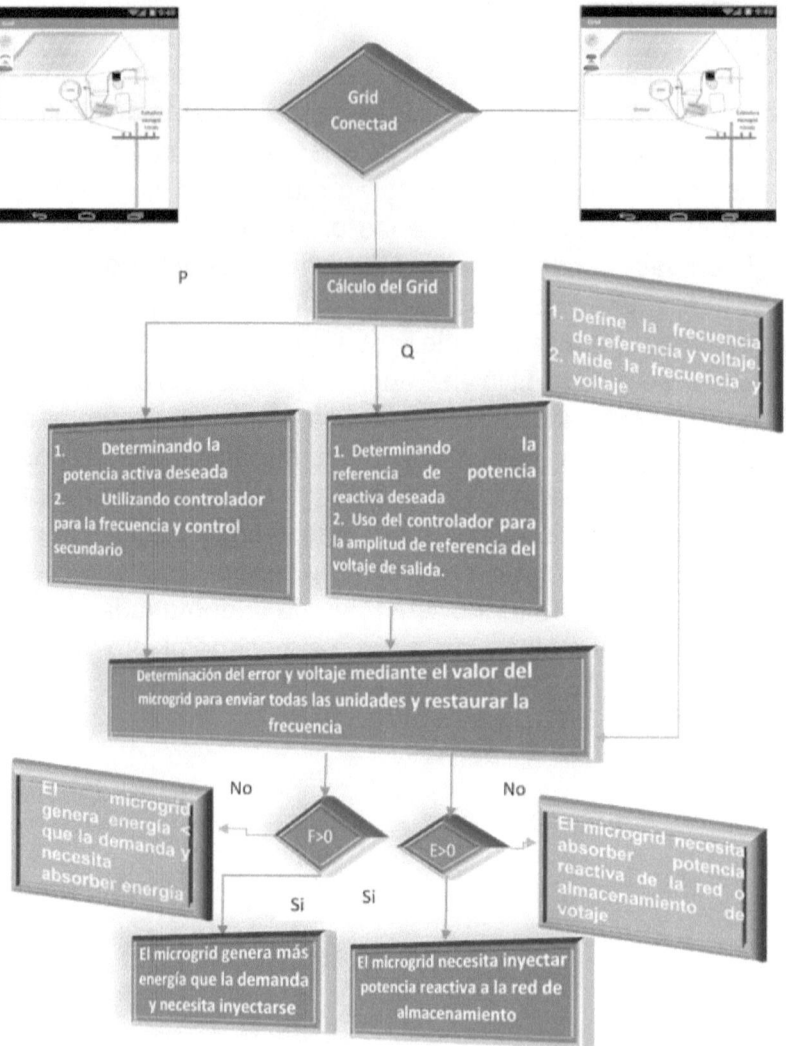

Figura 49. Código parte 1 de la interfaz desarrollada en Appinvento

Para la codificación de la interfaz, consúltese la figura 50, esta es desarrollada en *Appinventor*, bajo sistema operativo *Adroid*, para su instalación en dispositivos móviles. La aplicación cuenta con un menú desplegable donde nos permite calcular las variables p y q y saber cuándo es necesario inyectar potencia reactiva o absorber potencia de la red de almacenamiento de voltaje.

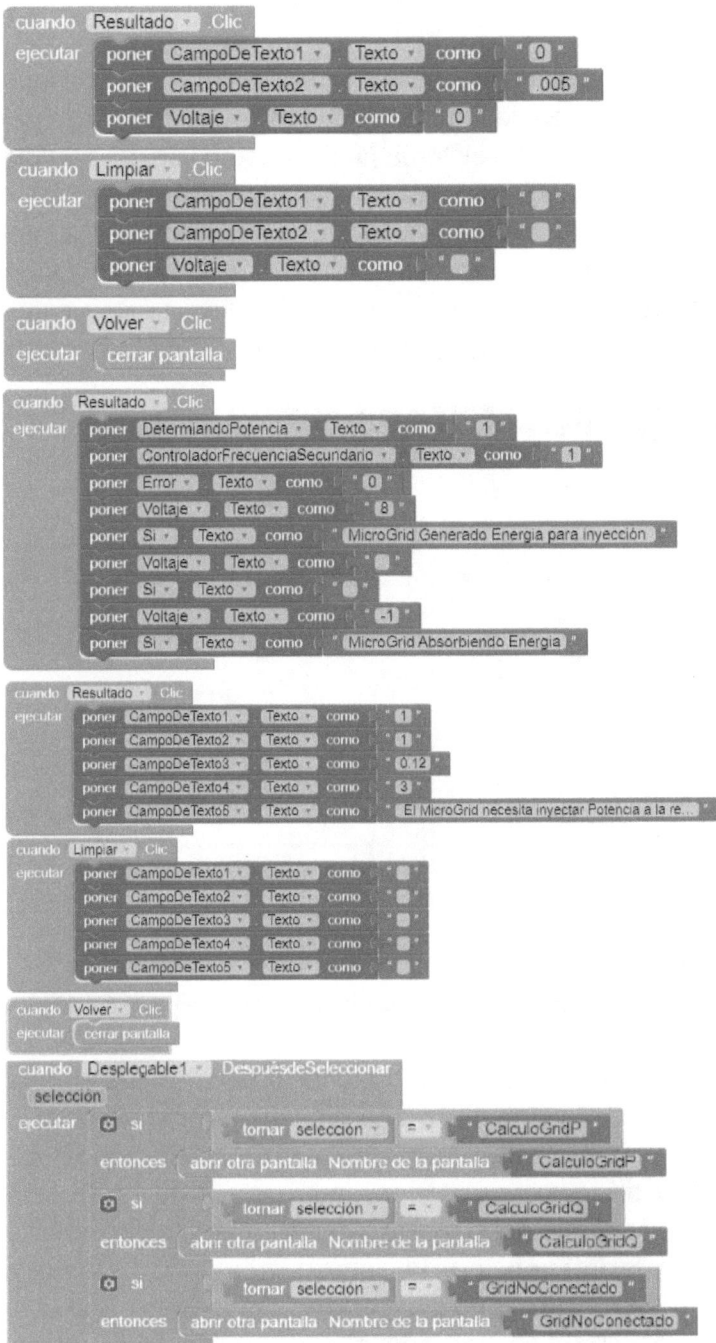

Figura 50. Código parte 2 de la interfaz desarrollada en Appinventar

# Resultados

Obsérvese las pantallas de la aplicación para optimizar el consumo de energía eléctrica, en la figura 51, en ella se encuentra los elementos que conforman un sistema híbrido, como son, un medidor bidireccional, un controlador, un inversor y la fuente de captación de energía limpia. Al ocupar la energía limpia a través de paneles solares fotovoltaicos poli cristalino, el inversor, es el encargado de transformar la electricidad, de corriente directa a corriente alterna, permitiendo inyectar los excedentes para el aprovechamiento de autoconsumo.

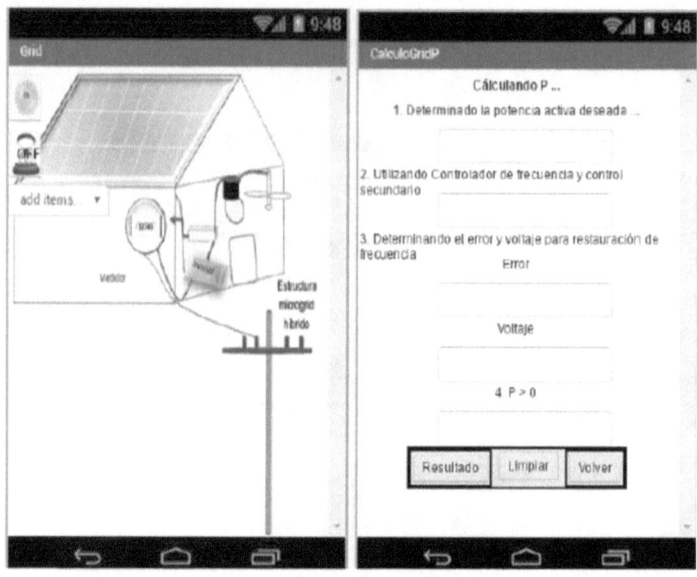

Figura 51. Aplicación para optimizar el consumo de energía eléctrica

La interfaz propuesta nos permite conocer cuando el sistema de energía necesita suministrarse de energía limpia o del sistema de distribución; primero necesita verificarse si el Grid está conectado, si es así, utiliza el control secundario que determina el error de frecuencia y voltaje, se ocupan las variables p y q, la primera para determinar la frecuencia y la potencia reactiva deseada, si se presenta el caso donde no hay voltaje como se muestra en las figura 52, la aplicación nos indica que el microgrid necesita absorber energía, caso contrario se está generado más energía que la demandada. La segunda variable Q, sirve para determina la referencia de potencia reactiva deseada, utiliza el controlador para determinar la amplitud del voltaje de referencia de salida y si el error es mayor a 0 entonces el microgrid necesita inyectar potencia reactiva a la red de almacenamiento como lo indica el sistema en operación, si no es así, el grid necesita absorber potencia reactiva de la red de almacenamiento de voltaje. Si el Grid no está conectado la aplicación determina el error y el voltaje para restaurar la frecuencia.

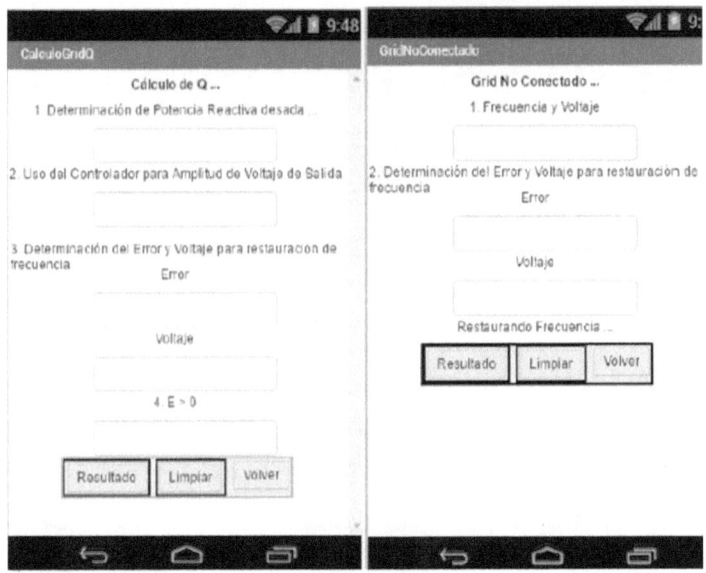

Figura 52. Pantallas para el cálculo del Grid Q y del Grid no conectado

Para el sistema de control de un ventilador y lámpara, alimentados con celdas solares, es ocupado *Matlab*. La figura 53, la función de membresía describe el grado de pertenencia de las variables del conjunto difuso. La Fuzzificación permite a las variables muy oscuro, oscuro, penumbra, día y mediodía, entrar al motor de inferencia donde se establece las siguientes reglas difusas: 1. Si lugar se encuentra muy oscuro entonces el ventilador y la lámpara estarán apagados 2. Si la función de membresía es oscura entonces el ventilador y la lámpara seguirán apagados. 3. Si empieza la penumbra el ventilador y la luz de la lámpara iniciarán el encendido de forma tenue. 4. Si es de día entonces, la intensidad del ventilador y lámpara será media. 5. Si es medio día el ventilador está en su punto máximo de uso.

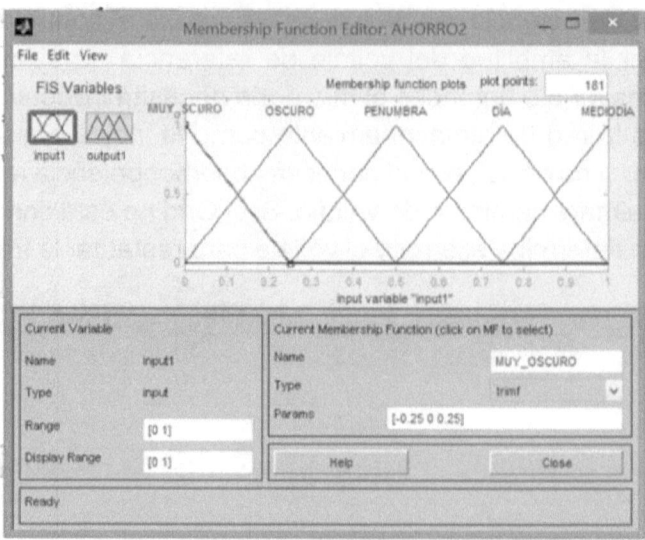

Figura 53. Las funciones de membresía muestran
las variables lingüísticas de entrada

Las variables de salida pueden observarse en las figuras 54 y 55. Las reglas permiten expresar la base de conocimiento como es señalado, utilizado como una estrategia para el control para el ahorro de energía.

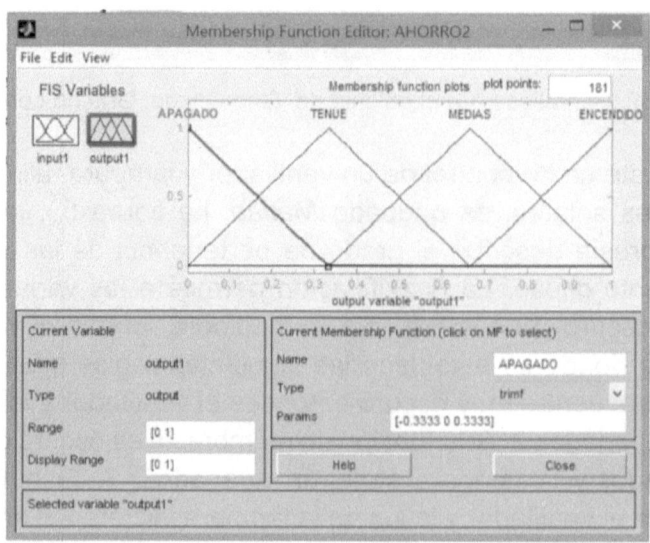

Figura 54. Variables de salida del sistema difuso
para el control con celdas solares

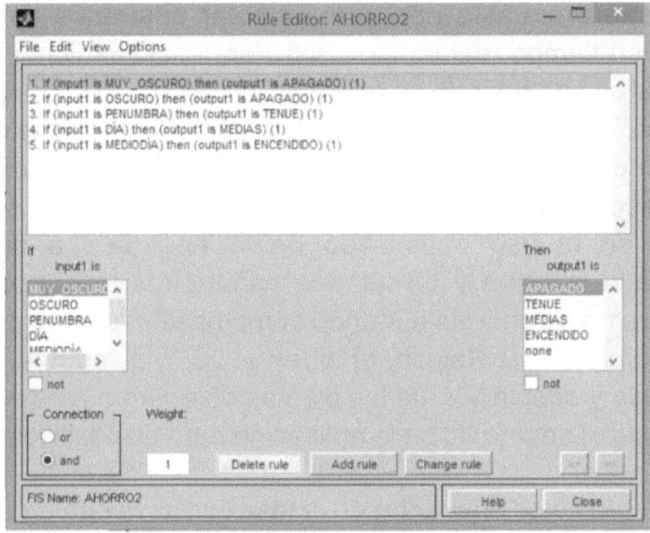

Figura 55. Base de conocimiento con cinco reglas difusas

Posteriormente del defuzzificador se obtiene la salida a través de la obtención del centroide y evaluando el sistema de control como se muestra en la figura 56.

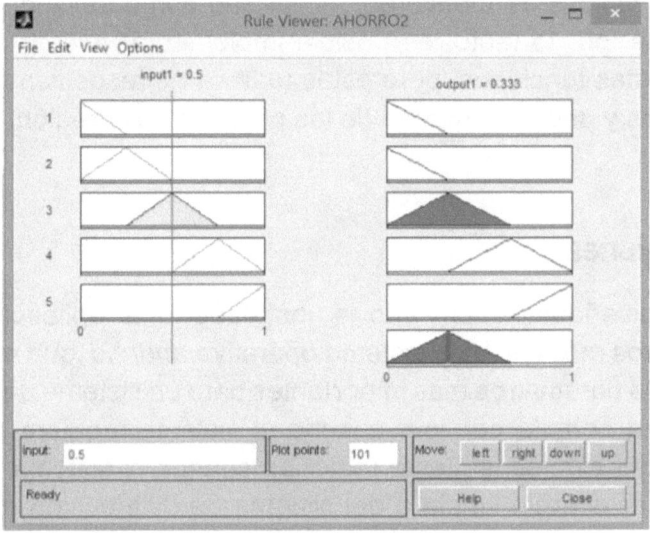

Figura 56. Evaluación del sistema de control

La presente propuesta nos permite estar enterados de manera personal en tiempo real cuando entra en funcionamiento el grid o no, para el uso de energía en aparatos domésticos, en comparación con el caso de estudio de Young, et al, en el 2014, donde la medición y monitoreo, de eficiencia energética, es en la industria a través de los operadores de la planta, donde toman decisiones informadas basadas en el uso optimizado de la energía. La aplicación desarrollada muestra y calcula los parámetros más importantes de un sistema de energía tomando como base el control propuesto de un microgrid, por Rajesh, et al, en el 2017, quien nos habla de la demanda y aceptación de las plantas de energía renovable pero no presenta el desarrollo de la aplicación para dispositivos móviles.

El actual estudio se encuentra en la fase inicial, ocupa un microgrid híbrido se concuerda Yeliz, et al, en el 2017, para quien los microgrids proporcionan flexibilidad para conectarse o desconectarse cuando es necesario, proporcionan una mejor confiabilidad, menor costo de inversión, reduce emisiones, mejora la calidad de energía y reduce las pérdidas de energía de la red de distribución; son usados como control de generación, técnicas de predicción, transmisión de datos y técnicas de monitoreo, se revisan como funciona una red inteligente, por lo tanto, es posible implementar microgrid con el uso de estas funciones, pero éstas todavía no resuelven todos los problemas y depende mucho de las políticas de la región.

## Conclusiones

Se ha diseñado, codificado e instalado una aplicación para dispositivos móviles, bajo sistema operativo *android*, que muestra y calcula los parámetros más importantes para un sistema de energía, así mismo permite conocer cuando el sistema requiere absorber energía del almacenamiento (batería), cuando el sistema necesita suministrar energía limpia o del sistema de distribución o Grid. El sistema de ahorro de energía se realiza en *Matlab* con la finalidad de optimizar el aprovechamiento de energías limpias captadas mediante el uso de celdas solares, dando un rendimiento de siete horas.

Se realiza una investigación sobre reservas, consumo y generación de energía eléctrica en México comparada con otros países, se establece la evolución de la civilización industrial, se muestran los puntos de referencia más importantes que han marcado la revolución industrial hasta nuestros días, se establece la importancia que tiene la electrónica de potencia en la distribución de energía actual y futura, se elabora un comparativo para la generación de energía eólica y solar y se explica el problema del voltaje en los sistemas industriales.

# Referencias bibliográficas

1.  Bose B.K (2010). Global Warming. IEEE-IEM 4, 6-17.

2.  Liserre M, Sauter T. and Hung J.Y. (2010). Future Energy systems. IEEEIEM 4, 18-37.

3.  Josep M. Guerrero, Frede Blaabjerg, Toshko Zhelev, Kas Hemmes, Eric Monmasson, Samir Jemei, María P. Comech, Ramon Granadino, and Juan I. Frau (2010). Global Warming. IEEE-IEM 4, 52-64.

4.  Selim T., Ozansoy C. and Zayegh A. (2010). Electric vehicle potential in Australia. IEEE-IEM 7, 15-25.

5.  Zhang Y; Chen W., and Gao W (2017). A survey on the development status and challenges of smart grids in main driver countries, Renewable and Sustainable Energy Reviews. 79 (2), 137-147

6.  Igor A. Pires, Sidelmo M. Silva, Fernando V. Amaral, y Braz J. Cardoso Filho (2014). Protecting control panels against voltage sags. IEEE-IEM 20 (5), 24-33.

7.  Young H. R, Newell B. and Durocher D. B. (2010). Energy management at a mineral-processing plant. IEEE-IAM 20 (5), 14-23.

8.  K. S. Rajesh, S.S. Dash, Ragam Rajagopal, R. Sridhar (2017). A review on control of ac microgrid. Elservier. 71, 814-819.

9.  Yeliz Yoldas, Ahmet Onen, S. M. Muyeen, Athanasios V. Vasilakos, Irfan Alan (2017). Enhancing smart grid wth microgrids: Challenges and oportunities. Elservier 72, 205-2014.

# CAPÍTULO 6

## LÁMINAS ANTIBACTERIALES DOSIFICADAS Y TERMO ACTIVADAS

David López Conde[1] Leonardo López Conde[2] Yuri
Dianel Sánchez de la Rosa[1], Diego Castillo Flores[1]

[1]Carrera de Procesos industriales Área Manufactura,
e Ingeniería En Procesos y Operaciones Industriales,
Universidad Tecnológica de Tlaxcala, Carretera a Él Carmen
Xalpatlahuaya S/N Huamantla Tlaxcala, C.P. 90500, México.
[2]Carrera en Ingeniería en Biotecnología, Universidad
Politécnica de Tlaxcala. A. Universidad Politécnica,
San Pedro Xalcaltzinco, 90180 Tlaxcala. México.

## Resumen

El presente proyecto consiste en la manufactura de un tratamiento antiséptico, antibacteriano de uso cotidiano para el cuidado de la higiene y la salud. Su presentación nos permite dosificar para evitar el uso excesivo y el desperdicio de material desinfectante. Su presentación semisólida nos permite cuantificar dimensiones, peso y eficiencia por gramo. Para complementar la manufactura de este producto creamos un empaque a través de una herramienta CAD, el cual será capaz de transportarlo sin provocar alteraciones que dañen la integridad del producto. Este producto podrá ser usado como un elemento de protección personal (EPP) destinado para ser utilizado o sujetado por trabajadores, para protegerlos de uno o varios riesgos. Entre las ventajas obtenidas por proporcionar son tales como proporcionar una cubierta entre un determinado riesgo y la persona, mejorar el resguardo de la integridad física del trabajador y disminuir la gravedad de las consecuencias de una posible enfermedad sufrida por el trabajador.

Palabras clave: Antiséptico, Desinfección, Manufactura, Elementos de Protección Personal.

## Abstract

This project consists of the manufacture of an antiseptic, antibacterial treatment for daily use for hygiene and health care. Its presentation allows us to dose to avoid excessive use and waste of disinfectant material. Its semi-solid presentation allows us to quantify dimensions, weight and efficiency per gram. To complement the manufacture of this product, we create a package through a CAD tool, which will be able to transport it without causing alterations that damage the integrity of the product. This product may be used as a personal protection element (PPE) intended to be used or held by workers, to protect them from one or more risks. Among the advantages obtained by providing are such as providing a cover between a certain risk and the person, improving the protection of the worker's physical integrity and reducing the severity of the consequences of a possible illness suffered by the worker.

Key word: Antiseptic, Disinfection, Manufacturing, Personal Protection Elements.

## Introducción

La importancia de la higiene corporal por el ser humano a lo largo de su historia ha sido afectada por muchos factores: La higiene corporal actualmente es considerada una necesidad básica, teñida de componentes culturales (Gerez Alum, 2008, p.380), como cultura humana en constante cambio debemos comprender y adueñarnos de los términos pero para poder comprender el significado de la palabra higiene, es importante conocer la evolución de dicho término y la interpretación que le ha sido asignada a lo largo de la historia.

Los logros que una cultura desarrolla en el campo de la higiene, están influidos directamente por los conocimientos científicos y tecnológicos que esa determinada cultura posea en un determinado momento (Sigerist, 1987, en García Ballester y Mc Vaugh, 1996, p.482), por lo cual, el estudio de la higiene corporal nos abre las puertas para una mayor comprensión de cuáles son los principales estímulos de los hábitos higiénicos. El presente artículo pretende mostrar una nueva forma de enfrentarnos a la contaminación de microorganismos y mejorar el resguardo de la integridad física de la gente y disminuir la gravedad de las consecuencias de una posible enfermedad sufrida en el entorno. Útil para cuando se busca aplicar sobre superficies del cuerpo, destruye o inhibe el crecimiento de microorganismos en tejidos vivos, sin causar efectos lesivos. Esto mediante segmentos laminados semisólidos a base de una solución hidroalcoholica.

Por otra parte, si bien el alcohol en soluciones y geles es utilizado para la desinfección de las manos y la piel, su constante aplicación no sustituye el lavado de manos, con suficiente agua y jabón, que es la técnica de higiene más eficiente para la prevención de infecciones.

El alcohol en soluciones variadas es un complemento de higiene de las manos ya que su uso provee una buena alternativa para lograr una desinfección constante y eficiente.

La desinfección con productos a base de alcohol es un medio para desactivar de manera rápida y eficaz una gran variedad de microorganismos potencialmente nocivos y presentes en las manos.

Ventajas del uso de LÁMINAS ANTIBACTERIALES DOSIFICADAS Y TERMO ACTIVADAS:

- Poseen actividad antimicrobiana, rápida y amplia frente a bacterias, también frente a algunos hongos y virus como el COVID-19.
- Fomenta una mayor frecuencia en la higiene de las manos, por su textura fácil de extraer del empaque.
- La OMS recomienda utilizar un producto con base en alcohol para la antisepsia habitual de las manos en la mayoría de las situaciones clínicas.

Como consecuencia de la introducción de la enfermedad COVID-19 en México y el mundo se deben tomar medidas en varias etapas para evitar contraer el virus, la demanda de geles y soluciones desinfectantes de alcohol se ha incrementado hasta un 800% y en aumento. Por ello, se hace necesario desarrollar o mejoras a las estrategias actuales que permitan contener el riesgo de desabastecimiento de estos productos en el país y el mundo.

Para ello en este artículo haremos una segmentación del trabajo realizado en el siguiente orden:

1. PARTE 1. Diagnóstico que apertura la investigación a través del planteamiento del problema, justificación, objetivos generales, objetivos específicos.
2. PARTE 2. Consiste en la búsqueda de información técnica y científica que permita presentar los aspectos generales y teóricos referentes de una solución antibacterial para tener un conocimiento más a fondo de todos sus componentes.
3. PARTE 3 Desarrollo
4. PARTE 4 Normativa que se busca cumplir.
5. PARTE 5 Conceptualización de su empaque y embalaje.

## PARTE 1

Planteamiento del problema.

Al exponernos diariamente a la contaminación bacteriana, es muy complejo evitar ser portadores de estas, sin embargo, la probabilidad de infección o adquisición de virus y bacterias se incrementa al no dar uso a medidas higiénicas.

### Justificación.

Vivimos en un mundo cada vez más contaminado en muchos aspectos, pero para este artículo tomaremos en cuenta la contaminación bacteriana. Estos virus y bacterias son muy fáciles de adquirir al contacto diario con las personas u objetos inanimados que compartimos durante muchas horas en el hogar, oficina, escuela, en la calle, transporte público, de las cuales muchas de ellas pueden afectar gravemente nuestra salud a tal punto de la hospitalización o la muerte. Vivimos un grave problema de salud a nivel mundial que nos llevó a una cuarentena de más de un año, esto se debe no solo al consumo de agentes infecciosos, sino también a la mala gestión de información y educación en temas de higiene y prevención de enfermedades. El impacto en la sociedad, se muestra en que ahora buscamos sobrellevar la situación de una forma ineficiente, a pesar de que la información, las medidas y los instrumentos sanitarios están disponibles. Aun así, no podemos frenar la mejora continua en investigación, experimentación y en la elaboración de nuevos productos que nos ayuden en la sanitización individual.

**Objetivo general.**

Como objetivo principal nos planteamos la tarea de crear un producto de uso diario que sea tan funcional como usar un celular. Este producto será un semisólido antibacterial dosificado, activado por una reacción térmica en las palmas de las manos. Este producto tendrá una forma rectangular de aproximadamente 10 cm. de largo y 6 cm. de ancho, obteniendo laminas antibacterianas para desinfectar correctamente las manos, y proporcionar mecanismos de auto cuidado para la prevención de contagios masivos.

**Objetivos específicos.**

Mejorar el uso y gestión de materiales de empaque sobre los actuales, ya que el uso de botellas de plástico se ha vuelto un nuevo foco de infección o de adquisición de bacterias y virus ya que por ejemplificar la duración del virus SARS-CoV-2 en una superficie plástica se puede prolongar hasta 5 días.

Proporcionar información relevante sobre el manejo de materiales inflamables tales como el alcohol, entre otros.

## PARTE 2

**Antiséptico:** sustancia que detiene o evita el desarrollo de microorganismos, inhibiendo su actividad sin necesidad de destruirlos.

**Desinfección:** proceso químico que mata o erradica los microorganismos sin discriminación (tales como agentes patógenos) al igual que las bacterias, virus y protozoos, impidiendo el crecimiento de microorganismos patógenos en fase vegetativa que se encuentren en objetos inertes.

**Elementos de protección personal (EPP):** Cualquier equipo o dispositivo destinado para ser utilizado o sujetado por el trabajador, para protegerlo de uno o varios riesgos. Entre las ventajas que se obtienen a partir del uso de los elementos de protección personal (EPP) son las siguientes: proporcionar una barrera entre un determinado riesgo y la persona, mejorar el resguardo de la integridad física del trabajador y disminuir la gravedad de las consecuencias de un posible accidente o enfermedad sufrida por el trabajador.

**Antibacterial:** Un antibacterial es un compuesto o sustancia que mata o hace más lento el crecimiento de bacterias. El término se utiliza a menudo como sinónimo del término antibiótico.

**Bacteria:** Las bacterias son unos organismos unicelulares diminutos que obtienen sus nutrientes del ambiente en que viven. Algunas bacterias son buenas para nuestros cuerpos: ayudan a que el sistema digestivo funcione correctamente e impiden que entren bacterias nocivas en su interior. Algunas bacterias se utilizan para fabricar medicamentos y vacunas.

Pero las bacterias también pueden causar problemas, como las caries dentales, las infecciones del tracto urinario, las infecciones de oído o la faringitis estreptocócica. Los antibióticos se utilizan para tratar infecciones de origen bacteriano.

**Virus:** Los virus son incluso más pequeños que las bacterias. No son ni siquiera células completas. Solo son material genético (DNA o RNA) empaquetado dentro de una cubierta proteica. Necesitan usar las estructuras de otras células para poderse reproducir. Esto significa que no pueden sobrevivir a menos que se encuentren dentro de un organismo (como una persona, un animal o una planta).

De todos modos, cuando se introducen en el cuerpo de una persona, los virus proliferan rápidamente y pueden hacerla enfermar. Los virus causan enfermedades de poca importancia, como el resfriado común, enfermedades frecuentes, como la gripe, y enfermedades muy graves, como la viruela o el SIDA (provocado por el virus de la inmunodeficiencia humana: VIH).

Los antibióticos no son eficaces contra los virus. Se han desarrollado medicamentos antivirales contra un grupo reducido y específico de virus.

**Hongos:** Los hongos son organismos multicelulares parecidos a las plantas. Obtienen los nutrientes de las plantas, los alimentos y los animales en ambientes húmedos y cálidos.

Muchas infecciones por hongos, como el pie de atleta y las infecciones por levaduras, no representan ningún peligro para una persona sana. De todos modos, las personas con sistema inmunitarios debilitados (por enfermedades como el SIDA o el cáncer), pueden desarrollar infecciones por hongos más graves.

**Protozoos:** Los protozoos son organismos unicelulares, como las bacterias. Pero son más grandes que las bacterias y contienen un núcleo y otras estructuras celulares, lo que los hace más parecidos a las células de las plantas y de los animales.

A los protozoos, les encanta la humedad. Por lo tanto, las infecciones intestinales y otras enfermedades que pueden causar, como la amebiasis y la giardiasis, se suelen trasmitir a través del agua contaminada. Hay algunos protozoos que son parásitos. Esto significa que necesitan vivir sobre o dentro de otro organismo (como un animal o una planta) para sobrevivir. Por ejemplo, el protozoo que causa la malaria crece dentro de los glóbulos rojos, que acaba por destruir. Algunos protozoos se encapsulan y forman quistes, lo que les permite vivir fuera del cuerpo humano y en ambientes duros durante largos períodos de tiempo (Ben-Joseph, 2020).

## PARTE 3

### Desarrollo

Para iniciar nos adecuamos para dar uso materiales inflamables, tales como el alcohol, entre otros, cumpliendo las siguientes condiciones:

1. Lavarse las manos con agua y jabón, tanto antes de iniciar como al finalizar la elaboración.
2. Usar elementos de protección personal básicos como gorros, tapabocas o mascarillas, guantes y ropa de uso exclusivo.
3. Los insumos a utilizar en la preparación del alcohol deben encontrarse adecuadamente conservados en ambientes ventilados y limpios hasta su uso, correctamente envasados e identificados.
4. Los equipos y elementos de medición a utilizar para la preparación deben estar limpios y de ser posible desinfectados.
5. Las superficies donde se realice la preparación deben ser lisas, limpiadas y desinfectadas previamente.
6. El lugar de preparación debe ser un ambiente exclusivo para esta labor, cerrado y con aire acondicionado o adecuada ventilación, protegido de agentes contaminantes, humo, animales, insectos y comidas, así como de elementos que produzcan llama o ignición de sustancias inflamables.

Materiales e insumos para la elaboración de las laminillas antibacteriales tablas 10 y 11.

## Tabla 10. Insumos

| INSUMO | CANTIDAD | FUNCIÓN |
|---|---|---|
| Alcohol al 70% | 30 ml. | Agente desinfectante |
| Agua Oxigenada | 30 ml. | Coadyuvante a eliminación de esporas |
| Aceite de coco | 15 ml. | Agente humectante |
| Agua destilada | 15ml. | Vehiculo |
| Agar-Agar | 2.5 g. | Gelificante |

## Tabla 11. Materiales

| Materiales para elaboración y almacenaje |
|---|
| Recipientes de aluminio, donde se hará el envasado final del preparado. |
| Recipientes graduados medidores de volumen, como probetas o vasos de precipitados. |
| Agitadores o espátulas de plástico o vidrio. |
| Charola de distribución |
| Almacen refrigerado |

## Metodología

1. Vierta el alcohol en la probeta hasta la cantidad establecida figura 57.

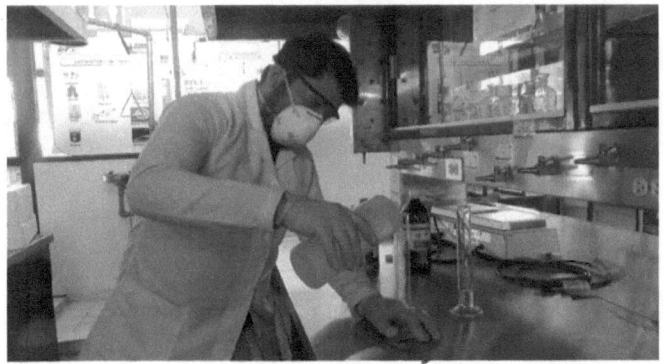

Figura 57. Añadir alcohol

2. Añada al alcohol el peróxido de hidrogeno (agua oxigenada) previamente medido con la probeta y mezcle suavemente con el agitador figura 58.

Figura 58. Mezcla de compuestos

3. Mida y añada el aceite de coco, mediante una probeta, en el recipiente donde previamente mezcló el alcohol y el agua oxigenada figura 59.

Figura 59. Añadir Aceite de coco

4. Al obtener una mezcla homogénea, agregar el agar-agar para dar la textura gelificada, la cual será 8 veces más fuerte a comparación de la grenetina figura 60.

Figura 60. Homogenizar compuestos

5. Agregar la mezcla en la charola y distribuir, creando una lámina.

6. Colocar la charola en el almacén refrigerado.

7. Dejar pasar 1 hora y realizar el corte estándar de 2.5cm. x 6.5cm.

## PARTE 4

**NORMATIVA QUE SE BUSCA CUMPLIR.**

- Reglamento Sanitario Internacional (RSI) 2005.
- Ley 09 de 1979. "Por la cual se dictan medidas sanitarias" Título III Salud Ocupacional.
- Resolución 2400 de 1979 "Por la cual se establecen algunas disposiciones sobre vivienda, higiene y seguridad en los establecimientos de trabajo". Título V De la ropa de trabajo equipos y elementos de protección personal; artículos.

- Decreto 1443 de 2014 Por el cual se dictan disposiciones para la implementación del Sistema de Gestión de la Seguridad y Salud en el Trabajo (SG-SST), Artículos 24 y 25.
- Circular 005 de 2020.
- Guía para la elaboración a nivel local: Formulaciones recomendadas por la OMS para la desinfección de las manos, Organización Mundial de la Salud, Seguridad del Paciente.

## INFORMACIÓN GENERAL DEL ETIQUETADO

1. Formulación recomendada por la OMS para la desinfección de las manos.
2. Composición: etanol, glicerina, peróxido de hidrogeno y agua.
3. SOLO PARA USO EXTERNO.
4. Evite el contacto con los ojos.
5. Manténgase fuera del alcance de los niños.
6. Fecha de producción y número de lote.
7. Utilícese en los 6 meses siguientes a la elaboración.
8. Forma de uso: vierta una cantidad de producto en la palma de su mano y extiéndalo por toda la superficie de ambas manos. Frote éstas hasta que se sequen.
9. Inflamable: manténgase alejado del fuego y del calor.
10. Consérvese bajo condiciones de almacenamiento y seguridad adecuados, según normatividad vigente.

## PARTE 5

## CONCEPTUALIZACIÓN DE SU EMPAQUE Y EMBALAJE.

### Papel Encerado

El papel encerado es un material que se ha hecho impermeable al agua y al vapor, ya que el papel al natural se impregna con parafina o ceras microcristalinas o de polietileno, con el objetivo de brindar protección a diversos productos, más comúnmente, alimentos y preservar mercancía envuelta en este material para que el producto llegue en las mejores condiciones al consumidor final.

Usos

Aunque son sorprendentes los usos del papel encerado en diversas tareas de la vida cotidiana, su principal mercado es la industria y los negocios en el terreno alimentario:

- Es un elemento adicional para el envase y embalaje de alimentos.
- Material envoltorio para congelar alimentos.
- Protector para separar la carne.
- Para fabricar productos de uso alimentario como vasos u otros utensilios.
- Otras áreas:
- Protector de humedad para piezas mecánicas lubricadas como discos de freno o engranajes.

Materias Primas

- En la manufactura del papel encerado, un elemento clave es la parafina.
- Las ceras o parafinas usadas pueden ser vegetales o derivadas del petróleo para mejorar las propiedades del papel en su función de empaque, dándole estructura, sello y protección, elementos esenciales para la protección de un producto.
- La parafina empleada debe ser apta para el contacto con alimentos.
- La parafina debe cubrir ambas caras del papel. Los rollos se revisten por ambas caras en un complejo parafinado.
- Las ceras pueden usarse solas o como parte de formulaciones con adhesivos termo-fundentes o agentes plastificantes, según el uso final del papel.
- La selección de una cera y su proceso de aplicación es determinada por la función del papel y lo que se requiera modificar.

## Propiedades

Las principales características del papel encerado, tomando en cuenta que, en la industria del embalaje, la base del papel encerado de los envases es el papel, que debe ser de tipo calandrado, no estucado, altamente resistente. El papel encerado funciona como:

- Barrera contra la humedad y la grasa.
- Tiene capacidad como sellador o aislante
- Tacto suave y deslizante.
- Barrera de preservación contra microorganismos y preservación de aromas.
- Aporta rigidez al papel. Peso de la estructura.
- Es grado alimenticio.
- Repelente de agua, 100% hidrofóbico.
- Resistente en condiciones de congelación.
- Propiedades ideales en estructura y fibra del papel.
- No altera el olor, color y sabor de los alimentos.
- No se adhiere a los productos con los que entra en contacto.
- Capacidad de deslizamiento.
- Es económico.
- Tiene brillo
- Uso sencillo, tanto para aplicaciones domésticas como industriales.
- Impresión

En papel encerado, se puede imprimir con la tecnología actual en hasta 10 colores con tintas grado alimenticio y se puede agregar número de serie y código de barras tabla 12.

**Aluminio**

### Tabla 12. Descripción

| Nombre | Aluminio |
|---|---|
| Número atómico | 13 |
| Valencia | 3 |
| Estado de oxidación | +3 |

| | |
|---|---|
| Electronegatividad | 1,5 |
| Radio covalente (Å) | 1,18 |
| Radio iónico (Å) | 0,50 |
| Radio atómico (Å) | 1,43 |
| Configuración electrónica | $[Ne]3s^23p^1$ |
| Primer potencial de ionización (eV) | 6,00 |
| Masa atómica (g/mol) | 26,9815 |
| Densidad (g/ml) | 2,70 |
| Punto de ebullición (°C) | 2450 |
| Punto de fusión (°C) | 660 |
| Descubridor | Hans Christian Oersted en 1825 |

Elemento químico metálico, de símbolo Al, número atómico 13, peso atómico 26.9815, que pertenece al grupo IIIA del sistema periódico. El aluminio puro es blando y tiene poca resistencia mecánica, pero puede formar aleaciones con otros elementos para aumentar su resistencia y adquirir varias propiedades útiles. Las aleaciones de aluminio son ligeras, fuertes, y de fácil formación para muchos procesos de metalistería; son fáciles de ensamblar, fundir o maquinar y aceptan gran variedad de acabados. Por sus propiedades físicas, químicas y metalúrgicas, el aluminio se ha convertido en el metal no ferroso de mayor uso.

El aluminio es el elemento metálico más abundante en la Tierra y en la Luna, pero nunca se encuentra en forma libre en la naturaleza. Se halla ampliamente distribuido en las plantas y en casi todas las rocas, sobre todo en las ígneas, que contienen aluminio en forma de minerales de alúmino silicato. Cuando estos minerales se disuelven, según las condiciones químicas, es posible precipitar el aluminio en forma de arcillas minerales, hidróxidos de aluminio o ambos. En esas condiciones se forman las bauxitas que sirven de materia prima fundamental en la producción de aluminio.

El aluminio es un metal plateado con una densidad de 2.70 g/cm3 a 20°C (1.56 oz/in3 a 68°F). El que existe en la naturaleza consta de un solo isótopo, 2713Al. El aluminio cristaliza en una estructura cúbica centrada en las caras, con lados de longitud de 4.0495 angstroms. (0.40495 nanómetros). El aluminio se conoce por su alta conductividad eléctrica y térmica, lo mismo que por su gran reflectividad.

La configuración electrónica del elemento es 1s2 2s2 2p6 3s2 3p1. El aluminio muestra una valencia de 3+ en todos sus compuestos, exceptuadas unas cuantas especies monovalentes y divalentes gaseosas a altas temperaturas.

El aluminio es estable al aire y resistente a la corrosión por el agua de mar, a muchas soluciones acuosas y otros agentes químicos. Esto se debe a la protección del metal por una capa impenetrable de óxido. A una pureza superior al 99.95%, resiste el ataque de la mayor parte de los ácidos, pero se disuelve en agua regia. Su capa de óxido se disuelve en soluciones alcalinas y la corrosión es rápida.

El aluminio es anfótero y puede reaccionar con ácidos minerales para formar sales solubles con desprendimiento de hidrógeno.

El aluminio fundido puede tener reacciones explosivas con agua. El metal fundido no debe entrar en contacto con herramientas ni con contenedores húmedos.

A temperaturas altas, reduce muchos compuestos que contienen oxígeno, sobre todo los óxidos metálicos. Estas reacciones se aprovechan en la manufactura de ciertos metales y aleaciones.

Su aplicación en la construcción representa el mercado más grande de la industria del aluminio. Millares de casas emplean el aluminio en puertas, cerraduras, ventanas, pantallas, boquillas y canales de desagüe. El aluminio es también uno de los productos más importantes en la construcción industrial. El transporte constituye el segundo gran mercado.

Muchos aviones comerciales y militares están hechos casi en su totalidad de aluminio. En los automóviles, el aluminio aparece en interiores y exteriores como molduras, parrillas, llantas (rines), acondicionadores de aire, transmisiones automáticas y algunos radiadores, bloques de motor y paneles de carrocería. Se encuentra también en carrocerías, transporte rápido sobre rieles, ruedas formadas para camiones, vagones, contenedores de carga y señales de carretera, división de carriles y alumbrado. En la industria aeroespacial, el aluminio también se encuentra en motores de aeroplanos, estructuras, cubiertas y trenes de aterrizaje e interiores; a menudo cerca de 80% del peso del avión es de aluminio. La industria de empaques para alimentos es un mercado en crecimiento rápido.

En las aplicaciones eléctricas, los alambres y cables de aluminio son los productos principales. Se encuentra en el hogar en forma de utensilios de cocina, papel de aluminio, herramientas, aparatos portátiles, acondicionadores de aire, congeladores, refrigeradores, y en equipo deportivo como esquíes y raquetas de tenis.

Existen cientos de aplicaciones químicas del aluminio y sus compuestos. El aluminio en polvo se usa en pinturas, combustible para cohetes y explosivos y como reductor químico.

**Resultados**

Características del prototipo: Las laminillas reaccionan a la fricción obtenida al frotar las manos entre sí, la reacción térmica cambia el estado semisólido a líquido de cada una de las laminillas. Se obtuvieron laminillas de prueba con las siguientes especificaciones tabla13 y figura 61:

Tabla 13. Características

| Características | Medida / Referencia |
|----------------|---------------------|
| Largo | 6.5 Cm. |
| Ancho | 2.5 Cm. |
| Grosor | 1.5 mm. |
| Peso seco/pieza | 2.5 g. |
| Ml/Pieza | 2.5 ml. |
| Alcohol | 70% |

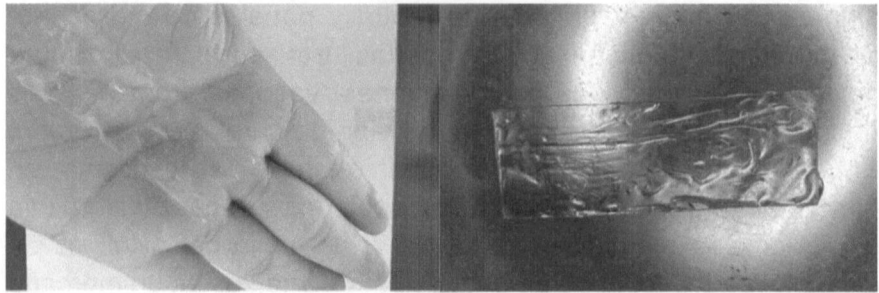

Figura 61. Laminillas

Así mismo los resultados obtenidos se muestran en la correcta simulación del empaque de aluminio para un buen manejo del producto, su estructura nos permite cubicar sin tener afecciones en la integridad de las laminillas figura 62.

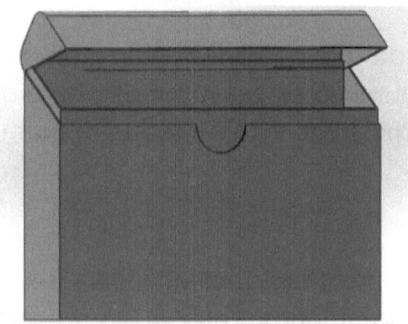

Figura 62. Empaque de aluminio

# Referencias bibliográficas

1.  Guía para la elaboración a nivel local: Formulaciones recomendadas por la OMS para la desinfección de las manos, Organización Mundial de la Salud, Seguridad del Paciente, https://www.who.int/gpsc/5may/tools/ES_PSP_GPSC1_GuiaParaLaElaboracionLocalWEB-2012.pdf?ua=1 [19/03/2020].

2.  Ayala-Arroyo A, Zavala-Guzmán AM, Armenta-Villanueva R, González-Zapata LA, López-Negrete JR. Elaboración de gel antibacterial. Revista Enlace Químico, Universidad de Guanajuato; 2 (6), NOVIEMBRE DEL

2009. URL: http://www.dcne.ugto.mx/Contenido/revista/numeros/16/A5.pdf [19/03/2020].

3. Gaspar-Carreño M, Gavião-Prado C, Torrico-Martín F, Márquez-Peiró J.F, Navarro-Ferrer F, Tudela Ortells F. Recomendaciones de conservación y período de validez de los envases multidosis tras su apertura. Farmacia Hospitalaria. 37(6), 2013.

4. https://www.gob.mx/profeco

5. Preguntas y respuestas sobre la enfermedad por coronavirus (COVID-19)    https://www.who.int/es/emergencies/diseases/novel-coronavirus-2019/advice-for-public/q-a-coronaviruses

# CAPÍTULO 7

## OPTIMIZACIÓN DE ACTIVIDADES EN LINEAS DE PRODUCCIÓN (EXTRUSIÓN, CONDIMENTADO, FREIDO Y CACAHUATE)

Carolina Rodríguez González[1] Roberto Avelino Rosas[2],
Haynet Rivera Flores[3], Romualdo Martínez Carmona[1]

[1]Carrera de Procesos industriales Área Manufactura,
e Ingeniería En Procesos y Operaciones Industriales,
Universidad Tecnológica de Tlaxcala, Carretera a Él Carmen
Xalpatlahuaya S/N Huamantla Tlaxcala, C.P. 90500, México.
[2]Carrera de Ingeniería Industrial, Universidad Tecnologica
de Tecamachalco, Avenida Universidad Tecnologica 1,
Barrio la Villita, 75483 Tecamachalco, Puebla. México.
[3]Carrera de Diseño y Moda Industrial Área Producción, Universidad
Tecnológica de Tlaxcala, Carretera a Él Carmen Xalpatlahuaya
S/N Huamantla Tlaxcala, C.P. 90500, Huamantla, México.

## Resumen

Las actividades realizadas en las diferentes áreas de producción tenían como fin realizar un análisis de los diferentes problemas que puedan originarse en la empresa. En este caso no se realizó un proyecto en específico, sin embargo, se realizaron actividades en las áreas de procesos de producción (extrusión, horneado, freído, condimentado y línea de cacahuate). En las áreas de procesos de producción se realizó la aplicación de 5S, una de las metodologías más usadas por las empresas, porque en este caso la empresa no contaba con esta metodología. La aplicación de 5S es un método para promover un lugar de trabajo más seguro, más limpio y mejor organizado, además de que puede lograr un incremento del 10% en la productividad una vez concluido con todo el programa. Realizar esta actividad es un poco compleja y se necesitó del apoyo de los trabajadores. Otra de las actividades realizadas fue realizar muestreos de producto terminado, los cuales consistían en pesar el producto, checar el volumen y contar piezas enteras y quebradas. Se realizaron LUP´s (Lección de un Punto) fue otra actividad, son hechos para que los operadores puedan entender mejor los mensajes que se quieren dar a conocer, por tal deben contar con información concreta y entendible, usando términos que sean fáciles de aprender y recordar, estos se realizaron de las distintas áreas como mantenimiento, calidad, enfermería, entre otros. Entre las actividades realizadas, está la supervisión en la línea de cacahuate que al ser una línea nueva en la cual se estaban haciendo pruebas, se revisaba que la línea estuviera completamente limpia, en la misma línea se realizó la toma de tiempo de todo el proceso. Al igual se tomó peso y tiempos de las dos etapas con las cuales esta cuenta. También se hicieron diagramas de flujos de proceso, estos son una herramienta para representar los diferentes procesos, los diagramas realizados fueron hechos para observar el programa de notificación de materia prima y producto terminado, esto para agilizar el proceso. Las distintas actividades realizadas en las diferentes áreas de la empresa ya mencionadas, todas con el fin de hacer mejoras y las áreas puedan ser más eficientes.

Palabras clave: Producción, aplicación, áreas, operadores, mantenimiento

## Abstract

The activities carried out in the different production areas were aimed at analyzing the different problems that may arise in the company. In this case, a specific project was not carried out, however, activities were carried out in the areas of production processes such (extrusion, baking, frying, seasoning and peanut line). In the areas of production processes, the application of 5S was carried out, one of the methodologies most used by companies, because in this case the company did not have this methodology. The application of 5S is a method to promote a safer, cleaner and better organized workplace, in addition to the fact that it can achieve a 10% increase in productivity once the entire program is completed. Performing this activity is a bit complex and the support of the workers was needed. Another of the activities carried out was to sample the finished product, which consisted of weighing the product, checking the volume and counting whole and broken pieces. OPL's (One Point Lesson) was another activity, they are made so that operators can better understand the messages they want to make known, so they must have concrete and understandable information, using terms that are easy to learn and remember, these were carried out in the different areas such as maintenance, quality, nursing, among others. Within the activities carried out, there is the supervision in the peanut line that, being a new line in which tests were being carried out, it was checked that the line was completely clean, in the same line the entire process was taken. Alike, we took weight and times of the two stages with which this account. Process flow diagrams were also made, these are a tool to represent the different processes, the diagrams made were made to observe the notification program of raw material and finished product, this to speed up the process. The different activities carried out in the different areas of the company already mentioned, all in order to make improvements and the areas can be more efficient.

Keywords: Production, application, areas, operators, maintenance

# Introducción

## Muestreo

Muestrear significa seleccionar una pequeña parte del grupo total, con base en la cual se puede hacer una estimación de la totalidad (Zuñiga, 1957).

Muestreo es un término mayormente utilizado en el campo de la estadística, la cual para poder realizar estudios a una población (que es el conjunto de elementos físicos, que presentan alguna característica en común, situados en un espacio geográfico determinado en un lapso de tiempo específico, y sobre los cuales se desea investigar), es necesario tomar una muestra de esa población dada, debido a que estas pueden ser finitas o infinitas, y aún en el caso en el que sean finitas estas pueden estar formadas por una gran cantidad de elementos lo que hace imposible un análisis completo (Quesada & Villa, 2007).

En ocasiones en que no es posible o conveniente realizar un censo (analizar a todos los elementos de una población), se selecciona una muestra, entendiendo por tal una parte representativa de la población. El muestreo es por lo tanto una herramienta de la investigación científica, cuya función básica es determinar que parte de una población debe examinarse, con la finalidad de hacer inferencias sobre dicha población. La muestra debe lograr una representación adecuada de la población, en la que se reproduzca de la mejor manera los rasgos esenciales de dicha población que son importantes para la investigación (Vivanco, 2005).

**Prueba de humedad**

El contenido de humedad afecta a la capacidad de procesamiento, al período de conservación, a la usabilidad y a la calidad del producto. La determinación exacta del contenido de humedad desempeña, por lo tanto, un papel clave para garantizar la calidad en muchas industrias, como la alimentaria, la farmacéutica y la química. En algunos productos, además, el contenido máximo admisible de humedad puede estar regulado conforme a la legislación (por ejemplo, las normativas alimentarias nacionales).

Por lo general, el contenido de humedad se determina mediante un método termogravimétrico, es decir, por pérdida por secado, mediante el cual se calienta la muestra y se registra la pérdida de peso debida a la evaporación de la humedad. Las tecnologías de análisis de humedad más usadas son el analizador de humedad y el horno de secado en combinación con una balanza (Cultural, 1997).

**Inventario**

El inventario es el registro documentado de todos los bienes materiales que posee una persona física, una empresa, una comunidad, entre otros, en un momento determinado. Éste se realiza con el fin de comprobar la existencia actual de dichos bienes y su realización debe ser de manera minuciosa y exacta de manera que los resultados obtenidos sean fidedignos y no muestren error alguno (Meza, 1996).

El inventario es el conjunto de mercancías o artículos que tiene la empresa para comerciar con aquellos, permitiendo la compra y venta o la fabricación primero antes de venderlos, en un periodo económico determinados. Deben aparecer en el grupo de activos circulantes. Es uno de los activos más grandes existentes en una empresa. El inventario aparece tanto en el balance general como en el estado de resultados. En el balance General, el inventario a menudo es el activo corriente más grande. En el estado de resultado, el inventario final se resta del costo de mercancías disponibles para la venta y así poder determinar el costo de las mercancías vendidas durante un periodo determinado (Chapman, 2006).

El significado de inventario es el conjunto de artículos o mercancías que se acumulan en el almacén pendientes de ser utilizados en el proceso productivo o comercializados. Otra definición de inventario vinculada al ámbito económico es la relación ordenada de bienes de una organización o persona, en la que además de los stocks, se incluyen también otra clase de bienes. También el documento que recoge la relación de dichos artículos se le conoce como inventario.

El concepto inventario o stock resulta muy importante en las empresas con el propósito de que las demandas de los consumidores sean atendidas sin esperadas, y para que no se vea interrumpido el proceso productivo ante la falta de materias primas. Pueden considerarse como una herramienta reguladora que mantiene el equilibrio entre los flujos reales de entrada y los de salida.

**Tipos de inventarios**

El inventario puede ser de distintas maneras en función de una serie de parámetros:

- Inventario de materias primas: está compuesto por aquellos materiales con los que se fabrican los productos, pero que aún no sido procesados.
- Inventario de productos en proceso de fabricación: lo integran los bienes comprados por las compañías industriales. Su cuantificación se realiza por la cantidad de materiales, gastos de fabricación y mano de obra.
- Inventario de productos terminados: los distintos bienes comprados por las compañías industriales, los cuales se transforman con el propósito de ser comercializados como artículos elaborados.
- Inventario de suministros de fábrica: los materiales con los que se fabrican los productos, pero que no pueden ser cuantificados con exactitud.

Características del inventario

El inventario desempeña un papel importante dentro de los planes de cualquier negocio. Entre otras cosas por los siguientes motivos:

- Capacidad de predecir: es capaz de fijar un cronograma de producción, para saber cuántas piezas y materia prima se procesan en un momento concreto. Debe mantener el equilibrio entre lo que se precisa y lo que se procesa.
- Protección ante la demanda: una reserva de inventario permitirá estar protegido en un momento dado. Nunca se sabe la cantidad de producto que va a demandar el mercado.
- Inestabilidad del suministro: protege ante la falta de confiabilidad de los proveedores o cuando hay pocas unidades de un artículo y resulta complicado garantizar su provisión de forma permanente.
- Protección de precios: una adecuada compra en cuanto a cantidad permitirá evitar el impacto de la inflación de costos.
- Descuentos: al comprar en grandes cantidades hay margen para ofrecer descuentos (Míguez & Bastos, 2006).

**Lección de un punto.**

Con el propósito de implementar una filosofía de mejoramiento continuo o Kaizen, se debe iniciar la búsqueda de alternativas que faciliten la transmisión y aprendizaje de conocimientos, del mismo modo que contribuyan a la implementación de un estándar en las operaciones que se desarrollen en la organización.

Un requisito fundamental para la implantación de un proceso de mejora continua, es sin duda el alto compromiso de la dirección, cuya principal función consiste en la creación de escenarios y disposición de herramientas de participación, que vinculen a todo el personal de la organización con los ciclos de mejora.

La Lección de Un Punto (LUP) también conocida como OPL por las siglas de los términos One Point Lesson, es una herramienta de comunicación, utilizada para la transferencia de conocimientos y habilidades simples o breves. Vale la pena aclarar que, aunque los conocimientos transmitidos por medio de una LUP son poco complejos, deben ser revisados y aprobados, y no reemplazan un Plan de Operación Estándar (POE), de hecho, se pueden utilizar como complemento de un POE, o para transmitir información que no requiere del mismo. Una buena LUP debe en esencia permitir un aprendizaje fácil, claro y preciso (JVL, 2002).

¿Cuál es el principal propósito de la Lección de Un Punto?

Podemos encontrar varios objetivos, pero yo destacaría los siguientes:

- La forma de asegurar el traspaso de conocimientos; que se sepa qué hacer, por qué hay que hacerlo de esa manera y para qué nos sirve hacerlo así esa forma.
- Disponer de la información y conocimiento en el momento oportuno y al mínimo tiempo posible (proceso, procedimientos, documentos, indicadores, ...) justo en el momento que se necesita.

- Es también muy útil para desarrollar casos relacionados con problemas, errores, defectos, carencias, ... identificando causas y efectos y evitando su reaparición.
- E incluso para documentar los procesos de implantación de una mejora; situación inicial, tareas ejecutadas, los indicadores que permiten comprobar el progreso y la situación final deseada.

Es una metodología que te puedo asegurar ayuda a motivar el trabajo en grupo, consiguiendo que los objetivos descritos anteriormente, no caigan en un saco roto (Montes, 2017).

## Metodología 5S

La metodología de las 5S se creó en Toyota, en los años 60, y agrupa una serie de actividades que se desarrollan con el objetivo de crear condiciones de trabajo que permitan la ejecución de labores de forma organizada, ordenada y limpia. Dichas condiciones se crean a través de reforzar los buenos hábitos de comportamiento e interacción social, creando un entorno de trabajo eficiente y productivo.

La metodología de las 5S es de origen japonés, y se denomina de tal manera ya que la primera letra del nombre de cada una de sus etapas es la letra s. (Sacristán, 2005).

Objetivos

Tiene como objetivos:

- Mejorar y mantener las condiciones de organización, orden y limpieza en el lugar de trabajo.
- A través de un entorno de trabajo ordenado y limpio, se crean condiciones de seguridad, de motivación y de eficiencia.
- Eliminar los despilfarros o desperdicios de la organización.
- Mejorar la calidad de la organización.

Principios

Esta metodología se compone de cinco principios fundamentales:

1. Clasificación u Organización: Seiri
2. Orden: Seiton
3. Limpieza: Seiso
4. Estandarización: Seiketsu
5. Disciplina: Shitsuke

## 1. Clasificación u Organización (Seiri)

Clasificar consiste en:

Organizar/Clasificar significa que en cada área de trabajo se deje "sólo lo que se necesita, en la cantidad que se necesita, y sólo cuando se necesita". Significa organizar los modos de situar y mantener las cosas necesarias de modo que cualquiera pueda encontrarlas y usarlas fácilmente. Implica colocar los objetos con criterio de urgencia. Es decir, lo que más se usa tiene que estar más próximo a la persona.

Identificar la naturaleza de cada elemento: Separe lo que realmente sirve de lo que no; identifique lo necesario de lo innecesario, sean herramientas, equipos, útiles o información.

La aplicación de las acciones Seiri preparan los lugares de trabajo para que estos sean más seguros y productivos. El primer y más directo impacto del Seiri está relacionado con la seguridad. Ante la presencia de elementos innecesarios, el ambiente de trabajo es tenso, impide la visión completa de las áreas de trabajo, dificulta observar el funcionamiento de los equipos y máquinas, las salidas de emergencia quedan obstaculizadas haciendo todo esto que el área de trabajo sea más insegura.

La práctica del Seiri además de los beneficios en seguridad permite:

- Liberar espacio útil en planta y oficinas "Las platas de producción crecen en espacio disponible"
- Reducir los tiempos de acceso al material, documentos, herramientas y otros elementos de trabajo.
- Mejorar el control visual de stocks de repuestos y elementos de producción, carpetas con información, planos, etc.
- Eliminar las pérdidas de productos o elementos que se deterioran por permanecer un largo tiempo expuestos en un ambiente no adecuado para ellos; por ejemplo, material de empaque, etiquetas, envases plásticos, cajas de cartón y otros.
- Facilitar el control visual de las materias primas que se van agotando y que requieren para un proceso en un turno, entre otros.
- Preparar las áreas de trabajo para el desarrollo de acciones de mantenimiento autónomo, ya que se puede apreciar con facilidad los escapes, fugas y contaminaciones existentes en los equipos y que frecuentemente quedan ocultas por los elementos innecesarios que se encuentran cerca de los equipos.

## 2. Orden (Seiton)

Ordenar consiste en:

Organizar los elementos necesarios de tal forma que se pueda encontrar con facilidad y del modo más intuitivo posible. El propósito es determinar "un lugar para cada cosa y ubicar cada cosa en su lugar". Todo esto, debidamente identificado. Así pues, primero se define por conceso el lugar para cada elemento (ubicándolo) y luego se fijará organizando y etiquetando mediante distintos recursos y soluciones.

Beneficios:

- Consolidación del equipo de trabajo. Deben ejercer consensos y analizar y comprender otros puntos de vista.

Los resultados del proyecto van altamente vinculados con la sinergia del equipo.

- Una rápida localización de los elementos necesarios gracias al sistema de identificación. Adiós a las largas búsquedas con sus derivadas pérdidas de tiempo.
- Una interacción accesible y ergonómica con todos los elementos, pero sobre todo con los de uso continuo teniendo en cuenta los principios de la prevención de riesgos laborales.
- Ahorro económico en compra de materiales y utensilios duplicados perdidos.
- Liberación de espacio al organizar debidamente los necesarios. Mayor rendimiento de los locales, oficinas o naves.
- Sensación de descanso mental y confort al tener en orden el puesto de trabajo. Comporta una mayor motivación e implicación por parte de los trabajadores.

## 3. Limpieza (Seiso)

El Seiso o Limpieza debe implantarse siguiendo una serie de pasos que ayuden a crear el hábito de mantener el sitio de trabajo en correctas condiciones. El proceso de implantación se debe apoyar en un fuerte programa de entrenamiento y suministro de los elementos necesarios para su realización, como también del tiempo requerido para su ejecución.

Limpiar consiste en:

- Integrar la limpieza como parte del trabajo
- Asumir la limpieza como una actividad de mantenimiento autónomo y rutinario
- Eliminar la diferencia entre operario de proceso y operario de limpieza
- Eliminar las fuentes de contaminación, no solo la suciedad.

Las ventajas de limpiar son:

- Mantener un lugar de trabajo limpio aumenta la motivación de los colaboradores

- La limpieza aumenta el conocimiento sobre el equipo
- Incrementa la vida útil de las herramientas y los equipos
- Incrementa la calidad de los procesos
- Mejora la percepción que tiene el cliente acerca de los procesos y el producto

## 4. Estandarización (Seiketsu)

Seiketsu es la metodología que nos permite mantener los logros alcanzados con la aplicación de las tres primeras "S". Si no existe un proceso para conservar los logros, es posible que el lugar de trabajo nuevamente llegue a tener elementos innecesarios y se pierda la limpieza alcanzada con nuestras acciones.

Estandarizar consiste en:

- Mantener el grado de organización, orden y limpieza alcanzado con las tres primeras fases; a través de señalización, manuales, procedimientos y normas de apoyo.
- Instruir a los colaboradores en el diseño de normas de apoyo.
- Utilizar evidencia visual acerca de cómo se deben mantener las áreas, los equipos y las herramientas.
- Utilizar moldes o plantillas para conservar el orden.

Los beneficios de estandarizar son:

- Resalta la información importante de manera que no pueda ser ignorada.
- Evita la sobrecarga de información para que los empleados puedan ver sus resultados.
- Reduce significativamente el tiempo necesario para entender la información.
- Se guarda el conocimiento producido durante años de trabajo.
- Se mejora el bienestar del personal al crear un hábito de conservar impecable el sitio de trabajo en forma permanente.
- Se evitan errores en la limpieza que puedan conducir a accidentes o riesgos laborales innecesarios.

- La dirección se compromete más en el mantenimiento de las áreas de trabajo al intervenir en la aprobación y promoción de los estándares
- Se prepara el personal para asumir mayores responsabilidades en la gestión del puesto de trabajo.
- Los tiempos de intervención se mejoran y se incrementa la productividad de la planta.

La estandarización implica crear un modo consistente de hacer las tareas cotidianas.

La estandarización de los equipamientos significa que cualquiera puede operar dicha máquina. La estandarización de las operaciones significa que cualquiera pueda realizar la operación.

## 5. Disciplina (Shitsuke)

Al igual que la cuarta S, SHITSUKE no consiste en implementar nuevas actividades sino en mantener las anteriores. Habiéndolas incorporado en las tareas cotidianas que podemos decir que ya son parte de nuestra manera de trabajar. Por eso lo traducimos como hábito. Consiste en tener el hábito de implementar permanente y correctamente los procedimientos apropiados. Podremos obtener los beneficios alcanzados con las primeras "S" en un largo período de tiempo si se logra crear un ambiente de respeto a las normas y estándares establecidos.

Las cuatro "S" anteriores se pueden implantar sin dificultad si en los lugares de trabajo se mantiene la Disciplina. Su aplicación nos garantiza que la seguridad será permanente, la productividad se mejore progresivamente y la calidad de los productos sea excelente.

En pocas palabras: todos los beneficios de los primeros cuatro pasos se perderían si no hay un esfuerzo deliberado para sustentar la disciplina del método 5S. Además, la disciplina en Shitsuke ayuda a los individuos y a las empresas cuando abordan futuras iniciativas.

La disciplina consiste en:

- Establecer una cultura de respeto por los estándares establecidos, y por los logros alcanzados en materia de organización, orden y limpieza.
- Promover el hábito del autocontrol acerca de los principios restantes de la metodología.
- Promover la filosofía de que todo puede hacerse mejor.
- Aprender haciendo.
- Enseñar con el ejemplo.
- Haga visibles los resultados de la metodología 5S.

Ventajas de la disciplina:

- Se crea el hábito de la organización, el orden y la limpieza a través de la formación continua y la ejecución disciplinada de las normas.
- Se crea una cultura de sensibilidad, respeto y cuidado de los recursos de la empresa.
- La disciplina es una forma de cambiar hábitos.
- Se siguen los estándares establecidos y existe una mayor sensibilización y respeto entre personas.
- La motivación en el trabajo se incrementa.
- El cliente se sentirá más satisfecho ya que los niveles de calidad serán superiores debido a que se han respetado íntegramente los procedimientos y normas establecidas.
- El sitio de trabajo será un lugar donde realmente sea atractivo llegar cada día, seremos más productivos
- Haremos participar a todos del proyecto común

Sin el Shitsuke – disciplina sustentada – al "final" del proceso 5S, cualquier beneficio logrado en los primeros cuatro pasos se evaporará gradualmente. (Aldavert, Vidal, Jordi, & Aldavert, 2016).

## Estudio de tiempos

"La Medición del trabajo es la aplicación de técnicas para determinar el tiempo que invierte un trabajador calificado en llevar a cabo una tarea definida efectuándola según una norma de ejecución preestablecida".

De la anterior definición es importante centrarse en el término "Técnicas", porque tal como se puede inferir no es solo una, y el Estudio de Tiempos es una de ellas.

Propósito de la medición del trabajo

El Estudio de Métodos es la técnica por excelencia para minimizar la cantidad de trabajo, eliminar los movimientos innecesarios y substituir métodos. La medición del trabajo a su vez, sirve para investigar, minimizar y eliminar el tiempo improductivo, es decir, el tiempo durante el cual no se genera valor agregado.

Una función adicional de la Medición del Trabajo es la fijación de tiempos estándar (tiempos tipo) de ejecución, por ende, es una herramienta complementaria en la misma Ingeniería de Métodos, sobre todo en las fases de definición e implantación. Además de ser una herramienta invaluable del coste de las operaciones.

Así como en el estudio de métodos, en la medición del trabajo es necesario tener en cuenta una serie de consideraciones humanas que nos permitan realizar el estudio de la mejor manera, dado que lamentablemente la medición del trabajo, particularmente el estudio de tiempos, adquirieron mala fama hace algunos años, más aún en los círculos sindicales, dado que estas técnicas al principio se aplicaron con el objetivo de reducir el tiempo improductivo imputable al trabajador, y casi que pasando por alto cualquier falencia imputable a la dirección (Escalante & González, 2015).

¿Qué es el estudio de tiempos?

Es innegable que dentro de las técnicas que se emplean en la medición del trabajo la más importante es el Estudio de Tiempos, o por lo menos es la que más nos permite confrontar la realidad de los sistemas productivos sujetos a medición.

"El Estudio de Tiempos es una técnica de medición del trabajo empleada para registrar los tiempos y ritmos de trabajo correspondientes a los elementos de una tarea definida, efectuada en condiciones determinadas y para analizar los datos a fin de averiguar el tiempo requerido para efectuar la tarea según una norma de ejecución preestablecida".

Los elementos necesarios para efectuar un óptimo estudio de tiempos son:

- Herramientas para el estudio de tiempos
- Selección del trabajo y etapas del estudio de tiempos
- Delimitación y cronometraje del trabajo
- Cálculo del número de observaciones
- Valoración del ritmo de trabajo
- Suplementos del estudio de tiempos
- Cálculo del Tiempo Estándar
- Aplicación del Tiempo Estándar

Es una técnica para determinar con la mayor exactitud posible, partiendo de un número de observaciones, el tiempo para llevar a cabo una tarea determinada con arreglo a una norma de rendimiento preestablecido.

Se deben compaginar las mejores técnicas y habilidades disponibles a fin de lograr una eficiente relación hombre-máquina. Una vez que se establece un método, la responsabilidad de determinar el tiempo requerido para fabricar el producto queda dentro del alcance de este trabajo. También está incluida la responsabilidad de vigilar que se cumplan las normas o estándares predeterminados, y de que los trabajadores sean retribuidos adecuadamente según su rendimiento. Estas medidas incluyen también la definición del problema en relación con el costo esperado, la reparación del trabajo en diversas operaciones, el análisis de cada una de éstas para determinar los procedimientos de manufactura más económicos según.

La producción considerada, la utilización de los tiempos apropiados y, finalmente, las acciones necesarias para asegurar que el método prescrito sea puesto en operación cabalmente.

Procedimiento directo de estudio de tiempos

Procedimiento desarrollado por Mikell Groover para un estudio de tiempos directo:

1. Definir y documentar el método estándar.

2. Dividir la tarea en elementos de trabajo.

   Estos primeros dos pasos son prioridad para elegir el ritmo oportuno. Familiarizan al analista con la tarea y le permiten intentar mejorar el procedimiento de trabajo antes de definir el tiempo estándar.

3. Cronometrar los elementos de trabajo para obtener el tiempo observado para la tarea.

4. Evaluar el ritmo del trabajador relativo al desempeño estándar (clasificación del desempeño), para determinar el tiempo normal.

   Tome nota de que los pasos 3 y 4 se completan de manera simultánea. Durante estos pasos, diferentes ciclos de trabajo son cronometrados y el desempeño de cada ciclo es calificado por separado. Finalmente, los datos obtenidos en estos pasos son promediados para generar el tiempo normalizado.

5. Aplicar un margen de error al tiempo normal para calcular el tiempo estándar. Los márgenes de factores necesarios en el trabajo son añadidos para calcular el tiempo estándar de la tarea.

La recopilación de tiempos se puede realizar de varias formas, dependiendo de la meta del estudio y las condiciones ambientales. Los datos de tiempos y movimientos pueden ser capturados con un cronómetro común, una computadora portátil o una cámara de video. Existen varios paquetes de software utilizados para convertir una agenda electrónica o una PC portátil en un dispositivo de estudio de tiempos. Como alternativa, los datos de tiempos y movimientos pueden ser tomados automáticamente de la memoria de las máquinas automatizadas (por ejemplo, estudios de tiempo automatizados) (Meyers, 2013).

**Diagrama de flujo de proceso.**

Un diagrama de flujo es una representación gráfica de un proceso. Cada paso del proceso se representa por un símbolo diferente que contiene una breve descripción de la etapa de proceso. Los símbolos gráficos del flujo del proceso están unidos entre sí con flechas que indican la dirección de flujo del proceso.

El diagrama de flujo ofrece una descripción visual de las actividades implicadas en un proceso. Muestra la relación secuencial entre ellas, facilitando la rápida comprensión de cada actividad y su relación con las demás.

Expresa igualmente el flujo de la información y de los materiales; así como las derivaciones del proceso, el número de pasos del proceso y las operaciones de interdepartamentales. Hace posible la identificación de bucles repetitivos, lo que es esencial para las acciones de rediseño y mejora.

El primer método de diagrama de flujo de proceso fue introducido, en 1921, por Frank y Lillian Gilbreth, con el objetivo de documentar el flujo para estudiar los procesos de trabajo. El objetivo de los Gilbreth fue representar de forma gráfica y sintética, el estado actual de un proceso para, así, obtener una visión que facilitara su optimización. De esta forma se conseguía hacerlo más eficiente y, por tanto, más rentable.

Comprobaron cómo, mediante el diagrama de flujo del proceso, se conseguía la fácil detección de errores e inconsistencias, al alcanzar una visión general del sistema (Vilar, Gómez, & Tejero, 1997).

**Diagrama de proceso.**

Un proceso se puede definir como "un conjunto de actividades, acciones o toma de decisiones interrelacionadas, caracterizadas por inputs y outputs, orientadas a obtener un resultado específico como consecuencia del valor añadido aportado por cada una de las actividades que se llevan a cabo en las diferentes etapas de dicho proceso".

Los diagramas de procesos son la representación gráfica de los procesos y son una herramienta de gran valor para analizar los mismos y ver en qué aspectos se pueden introducir mejoras. Las actividades de análisis y diagramación de procesos ayudan a la organización a comprender cómo se están desarrollando sus procesos actividades, al tiempo que constituyen el primer paso para mejorar las prácticas organizacionales.

Diagramar es establecer una representación visual de los procesos y subprocesos, lo que permite obtener una información preliminar sobre la amplitud de los mismos, sus tiempos y los de sus actividades.

La representación gráfica facilita el análisis, uno de cuyos objetivos es la descomposición de los procesos de trabajo en actividades discretas. También hace posible la distinción entre aquellas que aportan valor añadido de las que no lo hacen, es decir que no proveen directamente nada al cliente del proceso o al resultado deseado.

En este sentido, cabe hacer una precisión: no todas las actividades que no aportan valor añadido han de ser innecesarias. Éstas pueden ser actividades de apoyo y ser requeridas para hacer más eficaces las funciones de dirección y control. O por razones de seguridad, motivos normativos y de legislación.

Cosas que se pueden hacer con un diagrama de proceso:

- Identificación de necesidades y agentes que participan en el proceso.
- Comunicación eficaz entre todos los miembros del equipo. El uso del flujo de información cómo se producen las entradas y salidas de datos en un diagrama de procesos es evidente.
- Identificación de riesgos. La gestión de riesgos y los protocolos a seguir según los diferentes escenarios, son la esencia misma del diagrama de procesos. Antes de que sucedan los contratiempos, debemos saber qué hacer de manera rápida y eficaz. Para eso, podemos usar nuestra aplicación online de gestión y hacer simulaciones de procesos.
- Análisis e interpretación de datos. El flujo de información nos permite estudiar y evaluar toda la información de nuestro proceso.
- Toma de decisiones de manera rápida. Una vez tenemos todo lo necesario, a través del diagrama de procesos podremos decir con tiempo suficiente para comunicar y actuar, antes de que el problema ponga en riesgo nuestro objetivo a lograr.
- Como se puede apreciar, el diagrama de proceso es una herramienta muy útil para planificar y detectar los pasos a seguir con el objetivo principal a conseguir. Sin embargo, no es suficiente en la gestión de procesos amplios, con incertidumbre. Un diagrama de procesos no es flexible. Una vez hemos detectado los principales riesgos y nos ponemos en marcha, no podremos modificar casi nada. Por eso, las industrias gestionan sus procesos con aplicaciones potentes que gestionen la incertidumbre, amplios volúmenes de recursos y dependencias entre actividades (Galloway, 2002).

Podemos citar como ventajas que se pueden obtener con la utilización de los diagramas de flujo de proceso, las siguientes:

- Ayudan a las personas que trabajan en el proceso a entender el mismo, con lo que facilitaran su incorporación a la organización e incluso, su colaboración en la búsqueda de mejoras del proceso y sus deficiencias.

- Al presentarse el proceso de una manera objetiva, se permite con mayor facilidad la identificación de forma clara de las mejoras a proponer.
- Permite que cada persona de la empresa se sitúe dentro del proceso, lo que conlleva a poder identificar perfectamente quien es su cliente y proveedor interno dentro del proceso y su cadena de relaciones, por lo que se mejora considerablemente la comunicación entre los departamentos y personas de la organización.
- Normalmente sucede que las personas que participan en la elaboración del diagrama de flujo se suelen volver entusiastas partidarias del mismo, por lo que continuamente proponen ideas para mejorarlo.
- Es obvio que los diagramas de flujo son herramientas muy valiosas para la formación y entrenamiento del nuevo personal que se incorpore a la empresa.
- Lo más reseñable es que realmente se consigue que todas las personas que están participando en el proceso lo entenderán de la misma manera, con lo que será más fácil lograr motivarlas a conseguir procesos más económicos en tiempo y costes y mejorar las relaciones internas entre los cliente-proveedor del proceso (Juran, 1996).

## Metodología

### Muestreo

El muestreo es el proceso de seleccionar un conjunto de individuos de una población con el fin de estudiarlos y poder caracterizar el total de la población

Se realizó un muestreo de producto terminado, para determinar el volumen, peso, piezas enteras y quebradas de cada bolsa de 16 gramos del producto Donitas Hot Chili. El muestreo que se realizó fue a 25 piezas de la misma presentación y sabor (Tabla 14).

## Tabla 14. Muestreo de Donitas

| | | Donitas Hot Chili Intermedio | | |
|---|---|---|---|---|
| Bolsa | Volumen | Peso | Piezas enteras | Piezas quebradas |
| 1 | 70 | 14.01 | 39 | 2 |
| 2 | 80 | 15.22 | 39 | 4 |
| 3 | 80 | 15.37 | 43 | 1 |
| 4 | 65 | 13.57 | 39 | 1 |
| 5 | 80 | 15.42 | 39 | 3 |
| 6 | 70 | 14.78 | 38 | 2 |
| 7 | 70 | 14.14 | 37 | 4 |
| 8 | 80 | 15.42 | 40 | 4 |
| 9 | 60 | 13.29 | 38 | 2 |
| 10 | 60 | 13.17 | 38 | 1 |
| 11 | 70 | 14.46 | 39 | 2 |
| 12 | 70 | 13.96 | 39 | 2 |
| 13 | 55 | 12.4 | 35 | 2 |
| 14 | 70 | 13.92 | 39 | 1 |
| 15 | 65 | 13.66 | 37 | 2 |
| 16 | 70 | 13.98 | 39 | 1 |
| 17 | 65 | 13.57 | 38 | 3 |
| 18 | 65 | 13.56 | 37 | 3 |
| 19 | 70 | 14.19 | 40 | 2 |
| 20 | 55 | 11.89 | 32 | 2 |
| 21 | 60 | 12.44 | 33 | 1 |
| 22 | 55 | 12.04 | 33 | 1 |
| 23 | 60 | 13.07 | 37 | 1 |
| 24 | 60 | 13.67 | 36 | 2 |
| 25 | 75 | 14.66 | 39 | 3 |
| $\bar{x}$ | 67.2 | 13.83 | 38 | 2 |
| % | | | 95% | 5% |

Fuente: Elaboración propia, 2019

En la Tabla 14. Muestreo de Donitas, se puede observar que el 95% de las piezas salen enteras, teniendo solo un 5% de piezas quebradas.

Al igual que se realizó un muestreo de Donitas, también se realizó uno a el producto de Papas Fuego de 28 gramos, se tomó como muestra 10 productos. Donde el 88% de las piezas salen enteras, con un 12% de piezas quebradas. En la Tabla 15. Muestreo de Papas, se muestran resultados.

Tabla 15. Muestreo de papas

| | Papas Fuego Persona | | | |
|---|---|---|---|---|
| Bolsa | Volumen | Peso | Piezas enteras | Piezas quebradas |
| 1 | 55 | 27.45 | 18 | 2 |
| 2 | 60 | 27.56 | 21 | 2 |
| 3 | 60 | 28.62 | 19 | 3 |
| 4 | 55 | 28.04 | 18 | 2 |
| 5 | 55 | 27.34 | 16 | 3 |
| 6 | 60 | 27.3 | 15 | 2 |
| 7 | 55 | 27.22 | 15 | 3 |
| 8 | 55 | 26.9 | 15 | 3 |
| 9 | 60 | 28.65 | 17 | 2 |
| 10 | 60 | 28.03 | 15 | 2 |
| x̄ | 57.5 | 27.711 | 16.9 | 2.4 |
| % | | | 88% | 12% |

Fuente: Elaboración propia, 2019

También se realizó un muestreo al producto de Totopo Nacho Mega, para obtener los mismos datos que en los anteriores. Obteniendo como resultado que el 96% de las piezas de este producto salen enteras y un 4% de piezas salen quebradas. Resultados en la Tabla 16. Muestreo de Totopo.

Tabla 16. Muestreo de Totopo

| | Totopo Nacho Mega | | | |
|---|---|---|---|---|
| Bolsa | Volumen | Peso | Piezas enteras | Piezas quebradas |
| 1 | 40 | 40.5 | 13 | 1 |
| 2 | 50 | 41.3 | 15 | 1 |

| | | | | |
|---|---|---|---|---|
| 3 | 50 | 39.3 | 15 | 0 |
| 4 | 40 | 39.3 | 14 | 1 |
| 5 | 50 | 38.8 | 13 | 0 |
| 6 | 50 | 40.3 | 15 | 1 |
| 7 | 50 | 39.9 | 14 | 2 |
| 8 | 50 | 39.3 | 15 | 0 |
| 9 | 50 | 41.6 | 16 | 0 |
| 10 | 50 | 39.8 | 15 | 1 |
| 11 | 50 | 39.5 | 15 | 0 |
| 12 | 50 | 39.9 | 16 | 1 |
| 13 | 50 | 39.7 | 15 | 2 |
| 14 | 50 | 39.8 | 17 | 0 |
| 15 | 50 | 39.8 | 15 | 1 |
| 16 | 60 | 38.9 | 16 | 1 |
| 17 | 50 | 39.3 | 12 | 2 |
| 18 | 50 | 37.8 | 13 | 2 |
| 19 | 50 | 38.5 | 14 | 1 |
| 20 | 50 | 40.1 | 16 | 1 |
| 21 | 50 | 39.4 | 15 | 1 |
| 22 | 50 | 39.3 | 16 | 0 |
| 23 | 50 | 40.1 | 15 | 2 |
| 24 | 50 | 41.1 | 18 | 1 |
| 25 | 50 | 38.7 | 15 | 0 |
| $\bar{x}$ | 49.6 | 39.68 | 14.92 | 1 |
| % | | | 94% | 6% |

Fuente: Elaboración propia, 2019

En las tablas anteriores se puede observar los muestreos de distintos productos, junto con sus datos correspondientes.

## Cacheo en el área de extrusión

El cacheo consiste en tomar producto en un determinado tiempo, para después ser pesado, este se hace cuando sale de los diferentes procesos por los que pasa el producto, los cuales en este caso se puede tomar saliendo del proceso de extrusión, horneado o condimentado.

El cacheo sirve para observar cómo está saliendo el producto, también es realizado para conocer la velocidad con la que la maquina este trabajado y al igual poder conocer un aproximado de kilogramos que se producirán por hora. En este caso se llevó a cabo en el área de horneado del Checho 1013 y Checho 3 kg, el producto se toma con un vaso medidor o si es demasiado producto se toma con una bolsa de plástico, una vez tomado el producto se pesa y se registra. El mínimo de muestras para el cacheo es de cinco. En las Tablas 17 y 18 se puede observar el registro de estos.

Tabla 17. Cacheo de Checho 1013

| Checho 1013 | |
|---|---|
| Tiempo (s) | Peso (kg) |
| 16.60 | 0.80 |
| 15.67 | 0.65 |
| 15.97 | 0.71 |
| 16.21 | 0.78 |
| 15.93 | 0.68 |

Fuente: Elaboración propia, 2019

Tabla 18. Cacheo de Checo 3 Kg.

| Checho 3 kg | |
|---|---|
| Tiempo (s) | Peso (kg) |
| 11.37 | 2.28 |
| 11.21 | 2.11 |
| 11.59 | 2.42 |
| 11.87 | 2.67 |
| 11.45 | 2.37 |

Fuente: Elaboración propia, 2019.

Como se puede observar en las tablas, existe una variación en los pesos y tiempos, esto se debe a que son dos productos distintos en cuestión del tamaño.

## Pruebas de humedad

La determinación de humedad es uno de los análisis más importantes en el control de calidad de los alimentos en general. Todos los alimentos, cualquiera que sea el método de industrialización a que hayan sido sometidos, contienen agua en mayor o menor proporción. Las cifras de contenido en agua varían entre un 60 y un 95% en los alimentos naturales

Para realizar las pruebas de humedad existe una termo báscula, solo se tiene que introducir una cierta cantidad del producto y esperar a que obtenga el dato. También se puede realizar manualmente por medio de fórmula, para ello se tiene que obtener el peso inicial y final del producto.

$$\left(\frac{P_i - P_f}{P_i}\right) * 100$$

Las pruebas de humedad se realizan para conocer el peso que el producto pierde en cada proceso por el que este pasa. (En la tabla 19 Prueba de humedad) se muestra una prueba realizada.

Tabla 19. Prueba de humedad

| $P_i$ | $P_f$ | % Humedad |
|-------|-------|-----------|
| 1.012 | 0.98 | 3.16 |

Fuente: Elaboración propia, 2019

Las pruebas de humedad son realizadas por calidad y se hacen en cada proceso por a que pasa un producto, comenzando desde materia prima y concluyendo con el producto terminado.

## Rendimiento de película

El rendimiento de película se obtiene por medio de una base de datos con la que cuenta Comercializadora GONAC S.A de C.V. Lo que se realizo fue de una bobina de película obtener doce repeticiones las cuales se pesan, se obtiene su ancho y largo de las doce repeticiones para después registrarlas. En la Tabla 20. Rendimiento de película., se muestra un registro de los datos obtenidos.

Tabla 20. Rendimiento de película

| Película | Repeticiones | Largo (cm) | Ancho (cm) | Peso (g) |
|----------|--------------|------------|------------|----------|
| Checho 1013 | 12 | 211.6 | 22.9 | 14.6 |
| Papas Mini | 12 | 187.3 | 27.9 | 21.1 |
| Remix | 12 | 229.2 | 27.9 | 25.7 |

Fuente: Elaboración propia, 2019

Los datos anteriores, se registran en una base de datos con la que cuenta la empresa, la cual te arroja el grosor de la película y su rendimiento junto con una gráfica.

**Inventario de materia prima y producto terminado**

El inventario es una relación detallada, ordenada y valorada de los elementos que componen el patrimonio de una empresa o persona en un momento determinado.

El inventario de materia prima se realiza viernes, en el cual se revisa que almacén cuente con la materia prima que se tiene registrada en SAP. El inventario de producto terminado se lleva a cabo o lunes, y se hace el mismo procedimiento que para materia prima. Una vez concluidos los inventarios se registran los datos obtenidos para después pasar a registrarlos a SAP.

**Realización de LUP´S**

La Lección de Un Punto (LUP) es una herramienta de comunicación, utilizada para la transferencia de conocimientos y habilidades simples o breves.

Lección de un punto son realizados para dárselos a conocer a los trabajadores y estos puedan entender con claridad las ideas, estos deben contar con imágenes e información clara y concisa. Los LUP´S realizados fueron hechos para distintas áreas y de distintos temas.

## Aplicación de 5S

*Área de condimentado de extrusión*

Primero se realizó un curso para todas las personas involucradas, una vez terminado el curso se hizo grupos de tres personas para después asignar un área, en la cual se hizo la auditoria. Cuando se terminó de realizar la auditoria, se obtuvo el puntaje de calificación de cada área, después se asignó otra área distinta para comenzar con la aplicación de las 5S. La cual consiste primero que nada en clasificar, una vez clasificado se desechó todo lo que no sirve y que no es útil, para después pasar a ordenar y hacer huellas, también se realizó limpieza.

Una vez terminadas las actividades principales de la 5S se asignó un periódico Kaizen a cada área, para que los trabajadores lleven un registro de sus actividades y sus mejoras. El resultado de realizar 5S es contar con una área más limpia y segura para los trabajadores.

Para el área de condimentado y freído se realizó el mismo procedimiento que en el área de condimentado.

Para la aplicación de las 5 S en oficinas, ya no se realizó ningún curso, se pasó directo a la aplicación de estas, con el mismo procedimiento que las áreas dichas anteriormente. En la siguiente figura se muestra un ejemplo de la aplicación de 5S en oficinas. (Figura 63. Aplicación 5S´s en oficinas).

Figura 63. Aplicación de 5´s

## 4.8 Obtención de volumen por kilogramo de producto

En la empresa diariamente se realizan diferentes productos por lo cual solo se realizó a algunos de estos, para ello se realizó un cacheo en un vaso con medidas, en el cual se obtuvo producto de cada proceso diferente por los que pasa cada uno de los productos a los que se les obtuvo su volumen, para después pesarlo y así obtener un aproximado del volumen de un kilogramo de producto. En las Tablas 21, 22 y 23. se muestran los datos obtenidos.

Tabla 21. Volúmenes de totopo

| Proceso | Volumen(L) Totopo mini |
|---|---|
| Horneado | 3.5 |
| Freído | 7.707 |
| Condimentado | 5.427 |

Fuente: Elaboración propia, 2019

Tabla 22. Volúmenes de extruido

| Proceso | Volumen (litros) | | |
|---|---|---|---|
| | Checho 1013 | Checho 3kg | Kikys |
| Extruido | | 42.981 | 12.926 |
| Horneado | 42.977 | 39.108 | 12.056 |
| Condimentado | 21.123 | 32.446 | 8.987 |

Fuente: Elaboración propia, 2019

Tabla 23. Volúmenes de pasta

| Proceso | Volumen (litros) | | | |
|---|---|---|---|---|
| | Palitos | Dona sal | Aros cebolla | Tornillo |
| Freído | 15.575 | 21.425 | 23.516 | 21.28 |
| Centrifuga | 17.842 | 21.846 | 23.607 | |
| Condimentado | | 22.227 | 18.6 | 17.434 |

Fuente: Elaboración propia, 2019

## Supervisión en la línea de cacahuate

Comercializadora GONAC S.A de C.V, sacara a la venta un nuevo producto, el cual es el cacahuate, por tal motivo se estuvieron realizando pruebas en la línea de cacahuate, por ello se superviso que en la línea donde se realiza el proceso de este producto, no se encontrará nada de cacahuate, ni algún otro producto. Esto se realizaba para que al final del turno en el cual se debe pesar la merma, se tenga un peso más exacto.

### 4.10 Toma de tiempos

En la línea de cacahuate, al ser una línea nueva se tomaron tiempos, los cuales se comenzaron a tomar desde que el producto entro a la primera etapa, se anotó también la hora en la que comenzó el proceso, hasta que el producto salió del freidor. Durante los diferentes procesos por los que el cacahuate pasa, se fue tomando tiempo de cada uno de ellos. Esto con el propósito de conocer el tiempo del proceso del cacahuate. Al terminar de tomar tiempos se realizó el siguiente resumen (Tabla 24. Registro de hora del proceso de cacahuate):

Tabla 24. Registro de hora del proceso de cacahuate

| Proceso | Hora | |
| --- | --- | --- |
| | Entrada | Salida |
| Etapa 1 | 01:10 | 01:16 |
| Etapa 2 | 01:39 | 01:43 |
| Cilindro | 01:53 | 01:59 |
| Freído | 02:07 | 02:14 |

Fuente: Elaboración propia, 2019

### Pesajes y toma de tiempos

Se realizó en la línea de cacahuate, donde existen dos etapas, las cuales consisten en poner jarabe y harina al cacahuate. En cada batch que entra a cada etapa, la maquina arroja el peso de cuanto producto entra, se debe llevar un registro desde que se comienza el turno hasta que este finaliza. Al igual que al entrar a cada etapa se tomó el tiempo en el que el producto tarda en salir de esta. De los tiempos que se toman solo es una muestra de todos los batch. En las siguientes tablas se muestra el registro de los diferentes días que se realizó esta actividad (Tabla 25, 26,27,28,29 y 30).

DIA 1

Tabla 25. Pesaje y tiempos etapa 1 Tabla 26. Pesajes y tiempos etapa 2

| ETAPA 1 | | | ETAPA 2 | | |
|---|---|---|---|---|---|
| No | Peso (kg) | Tiempo (m) | No. | Peso (kg) | Tiempo (m) |
| 1 | 14.65 | 05:57 | 1 | 19.27 | 03:07 |
| 2 | 14.93 | 05:56 | 2 | 20.11 | 03:04 |
| 3 | 14.92 | 05:58 | 3 | 19.93 | 03:05 |
| 4 | 14.89 | 05:59 | 4 | 20.17 | 03:06 |
| 5 | 14.88 | 05:58 | 5 | 19.27 | 03:03 |
| 6 | 15.22 | 05:55 | 6 | 18.33 | 03:08 |
| 7 | 15.13 | 05:56 | 7 | 18.70 | 03:06 |
| 8 | 15.06 | 05:56 | 8 | 19.51 | 03:05 |
| 9 | 14.99 | 05:57 | 9 | 19.00 | 03:07 |
| 10 | 14.93 | 05:58 | 10 | 19.46 | 03:03 |
| 11 | 14.72 | 05:59 | 11 | 19.55 | 03:05 |
| 12 | 14.94 | 05:55 | 12 | 19.11 | 03:06 |
| 13 | 14.95 | 05:59 | 13 | 19.99 | 03:04 |
| 14 | 14.97 | 05:57 | 14 | 19.95 | 03:03 |
| 15 | 14.82 | 05:57 | 15 | 19.70 | 03:03 |
| 16 | 14.88 | 05:58 | 16 | 19.85 | 03:08 |
| 17 | 14.97 | 05:55 | 17 | 20.07 | 03:07 |
| 18 | 14.96 | 05:56 | 18 | 19.89 | 03:03 |
| 19 | 14.96 | 05:57 | 19 | 19.94 | 03:05 |
| 20 | 14.98 | 05:58 | 20 | 20.12 | 03:03 |
| 21 | 14.59 | 05:58 | 21 | 20.17 | 03:05 |
| 22 | 14.72 | 05:55 | 22 | 19.62 | 03:06 |
| 23 | 14.85 | 05:56 | 23 | 18.98 | 03:06 |

| | | | | | | |
|---|---|---|---|---|---|---|
| 24 | 14.84 | 05:58 | | 24 | 19.64 | 03:08 |
| 25 | 14.83 | 05:56 | | 25 | 18.99 | 03:04 |
| 26 | 13.88 | 05:55 | | 26 | 19.64 | 03:03 |
| 27 | 14.75 | 05:55 | | 27 | 18.91 | 03:08 |
| 28 | 14.87 | 05:56 | | 28 | 19.66 | 03:06 |
| 29 | 14.91 | 05:55 | | 29 | 18.75 | 03:05 |
| 30 | 15.02 | 05:57 | | 30 | 19.90 | 03:03 |
| 31 | 15.07 | 05:55 | | 31 | 19.85 | 03:05 |
| 32 | 14.91 | 05:57 | | 32 | 18.72 | 03:07 |
| 33 | 15.08 | 05:58 | | 33 | 19.88 | 03:08 |
| 34 | 15.12 | 05:58 | | 34 | 19.41 | 03:07 |
| 35 | 15.12 | 05:56 | | 35 | 18.70 | 03:05 |
| 36 | 15.23 | 05:59 | | 36 | 18.70 | 03:06 |
| 37 | 14.93 | 05:57 | | 37 | 19.11 | 03:03 |
| 38 | 15.15 | 05:56 | | 38 | 19.44 | 03:07 |
| 39 | 14.88 | 05:54 | | 39 | 20.13 | 03:05 |
| 40 | 15.10 | 05:55 | | 40 | 19.69 | 03:05 |
| 41 | 14.90 | 05:56 | | 41 | 19.52 | 03:06 |
| 42 | 15.15 | 05:59 | | 42 | 19.97 | 03:04 |
| 43 | 15.06 | 05:56 | | 43 | 20.08 | 03:02 |
| 44 | 15.03 | 05:58 | | 44 | 19.94 | 03:04 |
| 45 | 15.14 | 05:56 | | 45 | 19.76 | 03:03 |
| 46 | 15.03 | 05:57 | | 46 | 19.58 | 03:05 |
| 47 | 14.72 | 05:58 | | 47 | 19.84 | 03:04 |
| 48 | 14.82 | 05:59 | | 48 | 18.86 | 03:03 |
| 49 | 14.33 | 05:56 | | 49 | 20.20 | 03:05 |
| 50 | 15.02 | 05:59 | | 50 | 19.58 | 03:06 |
| 51 | 15.43 | 04:24 | | 51 | 19.98 | 03:04 |
| 52 | 15.22 | 04:21 | | 52 | 19.99 | 03:04 |
| 53 | 14.36 | 04:18 | | 53 | 19.86 | 03:05 |
| 54 | 14.77 | 04:19 | | 54 | 18.89 | 03:03 |
| 55 | 14.28 | 04:28 | | 55 | 19.58 | 03:04 |
| 56 | 15.36 | 04:17 | | 56 | 19.90 | 03:05 |
| 57 | 14.73 | 04:19 | | 57 | 19.96 | 03:04 |
| 58 | 14.68 | 04:19 | | 58 | 19.92 | 03:06 |

| | | | | | | |
|----|-------|-------|---|----|-------|-------|
| 59 | 15.11 | 04:21 | | 59 | 19.92 | 03:05 |
| 60 | 15.21 | 04:19 | | 60 | 20.07 | 03:04 |
| 61 | 14.85 | 04:21 | | 61 | 19.00 | 03:03 |
| 62 | 14.44 | 04:17 | | 62 | 19.40 | 03.04 |
| 63 | 15.2  | 04:16 | | 63 | 19.85 | 03:05 |
| 64 | 14.72 | 04:19 | | 64 | 19.83 | 03:05 |
| 65 | 15.03 | 04:20 | | 65 | 20.38 | 03:03 |
| 66 | 14.56 | 04:18 | | 66 | 19.80 | 03:06 |
| 67 | 14.81 | 04:21 | | 67 | 18.79 | 03:04 |
| 68 | 14.72 | 04:16 | | 68 | 19.22 | 03:06 |
| 69 | 14.44 | 04:21 | | 69 | 20.07 | 03:02 |
| 70 | 14.94 | 04:18 | | 70 | 19.23 | 03:04 |
| 71 | 15.11 | 04:19 | | 71 | 19.72 | 03:06 |
| 72 | 14.29 | 04:17 | | 72 | 19.49 | 03:04 |
| 73 | 15.02 | 04:22 | | 73 | 19.50 | 03:05 |
| 74 | 14.39 | 04.18 | | 74 | 20.07 | 03:05 |
| 75 | 15.03 | 04:17 | | 75 | 19.99 | 03:04 |
| 76 | 15.12 | 04:21 | | 76 | 19.95 | 03:05 |
| 77 | 14.96 | 04:19 | | 77 | 20.15 | 03:04 |
| 78 | 15.03 | 04:22 | | 78 | 19.35 | 03:03 |
| 79 | 15.2  | 04:20 | | 79 | 19.94 | 03:05 |
| | | | | 80 | 19.93 | 03:04 |
| | | | | 81 | 18.88 | 03:03 |
| | | | | 82 | 19.99 | 03:02 |
| | | | | 83 | 20.03 | 03:05 |
| | | | | 84 | 19.88 | 03:03 |
| | | | | 85 | 18.50 | 03:04 |
| | | | | 86 | 18.80 | 03:05 |
| | | | | 87 | 18.77 | 03:04 |
| | | | | 88 | 20.01 | 03:02 |

Fuente: Elaboración propia,2019

Fuente: Elaboración propia, 2019

# DIA 2

Tabla 27. Pesajes y tiempos etapa 1 día 2 Tabla 28. Pesajes y tiempos etapa 2 día 2

| ETAPA 1 | | | ETAPA 2 | | |
|---|---|---|---|---|---|
| No. | Peso (kg) | Tiempo (m) | No. | Peso (kg) | Tiempo (m) |
| 1 | 14.52 | 04:13 | 1 | 21.73 | 03:13 |
| 2 | 16.03 | 04:12 | 2 | 21.74 | 03:12 |
| 3 | 15.96 | 04:13 | 3 | 21.64 | 03.14 |
| 4 | 15.99 | 04:12 | 4 | 21.50 | 03:11 |
| 5 | 16.24 | 04:13 | 5 | 21.74 | 03:14 |
| 6 | 16.02 | 04:14 | 6 | 21.58 | 03:16 |
| 7 | 16.07 | 04:15 | 7 | 21.49 | 03:11 |
| 8 | 15.93 | 04:13 | 8 | 21.40 | 03:14 |
| 9 | 16.26 | 04:12 | 9 | 21.13 | 03:13 |
| 10 | 16.19 | 04:13 | 10 | 20.68 | 03:12 |
| 11 | 16.25 | 04:13 | 11 | 21.81 | 03:15 |
| 12 | 16.13 | 04:12 | 12 | 20.40 | 03:12 |
| 13 | 16.06 | 04:15 | 13 | 20.50 | 03:14 |
| 14 | 16.01 | 04:12 | 14 | 22.99 | 03:16 |
| 15 | 15.97 | 04:14 | 15 | 22.56 | 03:12 |
| 16 | 15.37 | 04:12 | 16 | 22.99 | 03:11 |
| 17 | 16.14 | 04:15 | 17 | 20.50 | 03:14 |
| 18 | 16.15 | 04:13 | 18 | 22.27 | 03:12 |
| 19 | 16.02 | 04:15 | 19 | 22.78 | 03:11 |
| 20 | 16.15 | 04:16 | 20 | 22.85 | 03:13 |
| 21 | 15.94 | 04:13 | 21 | 22.85 | 03:16 |
| 22 | 16.19 | 04:12 | 22 | 22.47 | 03:11 |
| 23 | 16.25 | 04:14 | 23 | 22.90 | 03:15 |
| 24 | 15.95 | 04:16 | 24 | 22.83 | 03:16 |
| 25 | 15.83 | 04:12 | 25 | 22.94 | 03:12 |
| 26 | 15.97 | 04:12 | 26 | 22.89 | 03:16 |
| 27 | 15.97 | 04:13 | 27 | 22.83 | 03:14 |
| 28 | 16.05 | 04:15 | 28 | 22.84 | 03:11 |

| | | | | | | |
|---|---|---|---|---|---|---|
| 29 | 16.26 | 04:14 | | 29 | 22.79 | 03:13 |
| 30 | 16.01 | 04:16 | | 30 | 22.39 | 03:13 |
| 31 | 16.10 | 04:12 | | 31 | 22.21 | 03.14 |
| 32 | 16.17 | 04:14 | | 32 | 22.17 | 03:13 |
| 33 | 16.18 | 04:12 | | 33 | 22.02 | 03:15 |
| 34 | 16.2 | 04:13 | | 34 | 22.08 | 03:16 |
| 35 | 16.31 | 04:16 | | 35 | 22.10 | 03:11 |
| 36 | 16.21 | 04:13 | | 36 | 22.27 | 03:13 |
| 37 | 16.29 | 04:12 | | 37 | 22.17 | 03:13 |
| 38 | 16.32 | 04:14 | | 38 | 22.06 | 03:12 |
| 39 | 16.39 | 04:16 | | 39 | 21.99 | 03:15 |
| 40 | 16.19 | 04:15 | | 40 | 20.81 | 03:15 |
| 41 | 16.26 | 04:12 | | 41 | 20.66 | 03:11 |
| 42 | 16.24 | 04:13 | | 42 | 22.25 | 03:14 |
| 43 | 16.26 | 04:12 | | 43 | 20.90 | 03:15 |
| 44 | 16.04 | 04:11 | | 44 | 21.19 | 03:16 |
| 45 | 16.29 | 04:13 | | 45 | 21.30 | 03:14 |
| 46 | 16.19 | 04:13 | | 46 | 21.31 | 03:12 |
| 47 | 16.27 | 04:13 | | 47 | 22.32 | 03:16 |
| 48 | 16.27 | 04:12 | | 48 | 21.18 | 03:13 |
| 49 | 16.31 | 04:13 | | 49 | 21.28 | 03:12 |
| 50 | 16.13 | 04:19 | | 50 | 22.47 | 03:16 |
| 51 | 16.05 | 04:10 | | 51 | 21.21 | 03:15 |
| 52 | 16.25 | 04:12 | | 52 | 22.39 | 03:14 |
| 53 | 15.98 | 04:12 | | 53 | 22.28 | 03:11 |
| 54 | 16.32 | 04:11 | | 54 | 21.03 | 03:16 |
| 55 | 16.33 | 04:15 | | 55 | 22.46 | 03:12 |
| 56 | 16.07 | 04:11 | | 56 | 21.51 | 03:13 |
| 57 | 16.06 | 04:12 | | 57 | 21.70 | 03:12 |
| 58 | 15.99 | 04:15 | | 58 | 21.54 | 03:13 |
| 59 | 16.05 | 04:13 | | 59 | 22.73 | 03:15 |
| 60 | 16.11 | 04:12 | | 60 | 21.22 | 03:13 |
| 61 | 16.11 | 04:13 | | 61 | 21.73 | 03:12 |
| 62 | 16.03 | 04:12 | | 62 | 21.46 | 03:14 |

| 63 | 16.23 | 04:13 |
|----|-------|-------|
| 64 | 16.23 | 04:13 |
| 65 | 16.27 | 04:12 |
| 66 | 16.14 | 04:11 |
| 67 | 16.30 | 04:13 |
| 68 | 16.20 | 04:15 |
| 69 | 16.25 | 04:12 |
| 70 | 16.24 | 04:13 |
| 71 | 16.21 | 04:13 |
| 72 | 16.11 | 04:16 |
| 73 | 16.00 | 04:14 |
| 74 | 15.03 | 04:16 |
| 75 | 15.14 | 04:13 |
| 76 | 15.18 | 04:15 |
| 77 | 16.10 | 04:11 |

| 63 | 21.53 | 03:11 |
|----|-------|-------|
| 64 | 21.38 | 03:13 |
| 65 | 22.43 | 03:12 |
| 66 | 21.51 | 03:15 |
| 67 | 21.47 | 03:12 |
| 68 | 21.30 | 03:13 |

Fuente: Elaboración propia, 2019.

Fuente: Elaboración propia, 2019.

## DIA 3

Tabla 29. Pesos y tiempos etapa 1 día 3 Tabla 30. Pesos y tiempos etapa 2 día 3

| ETAPA 1 | | |
|---------|-----------|------------|
| No. | Peso (kg) | Tiempo (m) |
| 1 | 15.87 | 04:21 |
| 2 | 16.31 | 04:19 |
| 3 | 16.22 | 04:18 |
| 4 | 16.23 | 04:21 |
| 5 | 16.27 | 04:17 |
| 6 | 16.25 | 04:13 |
| 7 | 16.05 | 04:14 |
| 8 | 16.14 | 04:16 |
| 9 | 16.34 | 04:13 |
| 10 | 16.05 | 04:15 |
| 11 | 16.11 | 04:16 |

| ETAPA 2 | | |
|---------|-----------|------------|
| No. | Peso (kg) | Tiempo (m) |
| 1 | 22.32 | 03:25 |
| 2 | 22.78 | 03:21 |
| 3 | 22.29 | 03:18 |
| 4 | 22.49 | 03:23 |
| 5 | 22.48 | 03:19 |
| 6 | 22.46 | 03:17 |
| 7 | 22.37 | 03:15 |
| 8 | 22.55 | 03:17 |
| 9 | 22.50 | 03:21 |
| 10 | 22.37 | 03:15 |
| 11 | 22.56 | 03:16 |

| | | | | | | |
|---|---|---|---|---|---|---|
| 12 | 16.36 | 04:18 | | 12 | 22.36 | 03:16 |
| 13 | 16.29 | 04:15 | | 13 | 22.40 | 03:18 |
| 14 | 15.94 | 04:13 | | 14 | 22.39 | 03:15 |
| 15 | 16.02 | 04:26 | | 15 | 22.43 | 03:14 |
| 16 | 15.95 | 04:16 | | 16 | 22.58 | 03:16 |
| 17 | 16.05 | 04:14 | | 17 | 22.53 | 03:21 |
| 18 | 16.06 | 04:16 | | 18 | 22.55 | 03:18 |
| 19 | 16.24 | 04:13 | | 19 | 22.42 | 03:15 |
| 20 | 16.02 | 04:14 | | 20 | 22.53 | 03:17 |
| 21 | 16.22 | 04:14 | | 21 | 22.38 | 03:16 |
| 22 | 16.04 | 04:16 | | 22 | 22.52 | 03:19 |
| 23 | 16.29 | 04:16 | | 23 | 22.50 | 03:16 |
| 24 | 16.31 | 04:14 | | 24 | 22.37 | 03:17 |
| 25 | 15.99 | 04:15 | | 25 | 22.35 | 03:15 |
| 26 | 15.96 | 04:16 | | 26 | 22.40 | 03:17 |
| 27 | 16.28 | 04:13 | | 27 | 22.30 | 03:17 |
| 28 | 16.26 | 04:15 | | 28 | 22.56 | 03:14 |
| 29 | 16.02 | 04:18 | | 29 | 22.51 | 03:16 |
| 30 | 16.24 | 04:14 | | 30 | 22.45 | 03:14 |
| 31 | 16.21 | 04:15 | | 31 | 22.47 | 03:15 |
| 32 | 16.27 | 04:16 | | 32 | 22.62 | 03:17 |
| 33 | 15.96 | 04:13 | | 33 | 22.51 | 03:15 |
| 34 | 16.00 | 04:14 | | 34 | 21.33 | 03:18 |
| 35 | 16.23 | 04:15 | | 35 | 21.46 | 03:19 |
| 36 | 16.27 | 04.12 | | 36 | 21.12 | 03:15 |
| 37 | 16.06 | 04:16 | | 37 | 21.40 | 03:17 |
| 38 | 16.34 | 04:14 | | 38 | 21.35 | 03:18 |
| 39 | 16.30 | 04.14 | | 39 | 22.56 | 03:16 |
| 40 | 16.23 | 04:16 | | 40 | 22.41 | 03:15 |
| 41 | 15.98 | 04:15 | | 41 | 21.20 | 03:17 |
| 42 | 16.25 | 04:16 | | 42 | 21.27 | 03:15 |
| 43 | 16.29 | 04:16 | | 43 | 21.48 | 03:18 |
| 44 | 15.98 | 04:15 | | 44 | 22.45 | 03:15 |
| 45 | 16.2 | 04:18 | | 45 | 21.14 | 03:18 |
| 46 | 16.24 | 04:14 | | 46 | 21.18 | 03:23 |

| | | | | | | |
|---|---|---|---|---|---|---|
| 47 | 16.31 | 04:14 | | 47 | 21.20 | 03:16 |
| 48 | 15.96 | 04:16 | | 48 | 21.43 | 03:21 |
| 49 | 16.15 | 04:17 | | 49 | 22.69 | 03:16 |
| 50 | 16.14 | 04:15 | | 50 | 22.45 | 03:16 |
| 51 | 16.03 | 04:18 | | 51 | 21.25 | 03:18 |
| 52 | 16.01 | 04:17 | | 52 | 21.26 | 03:21 |
| 53 | 18.05 | 04:15 | | 53 | 21.36 | 03:18 |
| 54 | 17.99 | 04:16 | | 54 | 21.26 | 03:18 |
| 55 | 18.1 | 04:17 | | 55 | 21.85 | 03:15 |
| 56 | 18.24 | 04:15 | | 56 | 21.76 | 03:16 |
| 57 | 18.25 | 04:15 | | 57 | 21.30 | 03:17 |
| 58 | 18.06 | 04:16 | | 58 | 21.71 | 03:16 |
| 59 | 18.16 | 04:18 | | 59 | 21.20 | 03:16 |
| 60 | 18.12 | 04:16 | | 60 | 21.58 | 03:14 |
| 61 | 18.21 | 04:19 | | 61 | 21.27 | 03:18 |
| 62 | 17.98 | 04:17 | | 62 | 21.84 | 03:16 |
| 63 | 18.09 | 04:18 | | 63 | 21.67 | 03:13 |
| 64 | 18.06 | 04:15 | | 64 | 21.26 | 03:16 |
| 65 | 18.14 | 04:17 | | 65 | 22.39 | 03:18 |
| 66 | 18.11 | 04:18 | | 66 | 22.46 | 03:14 |
| 67 | 18.13 | 04:16 | | 67 | 21.67 | 03:16 |
| 68 | 18.08 | 04:15 | | 68 | 21.39 | 03:16 |
| 69 | 17.97 | 04:17 | | 69 | 21.34 | 03:13 |
| 70 | 17.96 | 04:19 | | 70 | 21.26 | 03:15 |
| 71 | 18.24 | 04:18 | | 71 | 21.84 | 03:15 |
| 72 | 18.09 | 04.18 | | 72 | 21.17 | 03:17 |
| 73 | 18.21 | 04:17 | | 73 | 21.37 | 03:18 |
| 74 | 18.27 | 04:14 | | 74 | 22.55 | 03:16 |
| 75 | 17.98 | 04:17 | | 75 | 21.57 | 03:15 |
| 76 | 18.33 | 04:16 | | 76 | 21.55 | 03:17 |
| 77 | 18.22 | 04:18 | | 77 | 21.26 | 03:17 |
| 78 | 18.2 | 04:17 | | 78 | 21.34 | 03:15 |
| 79 | 18.02 | 04:15 | | 79 | 22.40 | 03:17 |
| 80 | 18.07 | 04:16 | | 80 | 22.50 | 03:16 |
| 81 | 18.08 | 04:17 | | 81 | 22.30 | 03:16 |

| 82 | 18.05 | 04:16 |
|----|-------|-------|
| 83 | 18.09 | 04:18 |
| 84 | 18.15 | 04:15 |
| 85 | 18.07 | 04:16 |
| 86 | 18.06 | 04:18 |
| 87 | 18.12 | 04:16 |
| 88 | 17.96 | 04:17 |
| 89 | 18.22 | 04:18 |
| 90 | 18.29 | 04:15 |
| 91 | 18.24 | 04:17 |

Fuente: Elaboración propia, 2019.

| 82  | 22.60 | 03:18 |
|-----|-------|-------|
| 83  | 22.39 | 03:19 |
| 84  | 22.40 | 03:17 |
| 85  | 22.55 | 03:15 |
| 86  | 22.30 | 03:18 |
| 87  | 22.45 | 03:19 |
| 88  | 22.49 | 03:15 |
| 89  | 22.56 | 03:18 |
| 90  | 22.38 | 03:17 |
| 91  | 22.43 | 03:16 |
| 92  | 22.33 | 03:16 |
| 93  | 22.46 | 03:14 |
| 94  | 22.48 | 03:17 |
| 95  | 22.49 | 03:15 |
| 96  | 22.38 | 03:16 |
| 97  | 22.46 | 03:17 |
| 98  | 22.61 | 03:15 |
| 99  | 22.47 | 03:18 |
| 100 | 21.15 | 03:15 |
| 101 | 21.41 | 03:17 |
| 102 | 21.28 | 03:15 |

Fuente: Elaboración propia, 2019.

## Diagramas de proceso

Los diagramas de procesos son la representación gráfica de los procesos y son una herramienta de gran valor para analizar los mismos y ver en qué aspectos se pueden introducir mejoras. Además de que ver el proceso gráficamente es más fácil de aprender y comprenderlo. El diagrama que se realizo fue el sobre el proceso por el que se pasa para hacer notificación de materia prima y producto terminado, pues en el área de costos de la producción y producción existía un problema con el tiempo, porque cada área cuenta con un tiempo determinado para hacer la actividad que le corresponde, los cuales no se respetaban, por lo cual la necesidad de hacer un diagrama.

## Resultados

Aunque no se realizó un proyecto, algunas de las actividades que se realizaron tenían como fin un resultado. A continuación, se muestran los resultados de estas.

### Muestreo

En los muestreos que se realizaron a los diferentes productos, se pudo observar que más del 80% de las piezas salen enteras, este porcentaje está dentro del estándar de la empresa, lo cual es una señal de que el proceso va bien. A continuación, se muestra una tabla con los resultados de los muestreos realizados (Tabla 31):

Tabla 31. Resultados de los muestreos

| Producto | % Piezas enteras | % Piezas quebradas |
|---|---|---|
| Papas Fuego Personal | 88% | 12% |
| Donitas Hot Chili Intermedio | 95% | 5% |
| Kiubo Totopo Nacho Mega | 94% | 6% |

Fuente: Elaboración propia, 2019

### Cacheo

El cacheo se realiza para conocer si el proceso del producto se encuentra en los estándares de producción de las máquinas y para tener un aproximado de cuanto se va a producir cada hora.

$$\left( \frac{3600 * Peso}{Tiempo} \right) \text{ kg/h}$$

Para obtener resultados aproximados en los cacheos se necesitan como mínimo 5 muestras. En la Tabla 32. Cacheo Checho 1013, se muestran los resultados obtenidos.

### Tabla 32. Cacheo Checho 1013

| Checho 1013 | |
| --- | --- |
| No. | Cacheo kg/h |
| 1 | 173.493976 |
| 2 | 149.32993 |
| 3 | 160.050094 |
| 4 | 173.226403 |
| 5 | 153.672316 |

Fuente: Elaboración propia, 2019

A continuación, en la Tabla 33 Cacheo Checho 3kg, se observan los resultados obtenidos de la realización del Cacheo.

### Tabla 33. Cacheo Checho 3kg

| Checho 3 kg | |
| --- | --- |
| No. | Cacheo kg/h |
| 1 | 721.899736 |
| 2 | 677.609277 |
| 3 | 751.682485 |
| 4 | 809.772536 |
| 5 | 745.152838 |

Fuente: Elaboración propia, 2019

**Pruebas de humedad**

Las pruebas de humedad son realizadas para conocer el peso del producto que pierde al entrar a cada proceso, por lo general son realizadas por el departamento de calidad. La Norma Oficial Mexicana NOM-116-SSA1-1994, Bienes y Servicios. Determinación de Humedad en Alimentos por Tratamiento Térmico. Establece que es de observancia obligatoria en el territorio nacional para las personas físicas o morales que requieran efectuar este método en productos nacionales o de importación, para fines oficiales.

**Aplicación 5S**

El resultado de la aplicación de 5S es tener áreas más limpias y despejadas, tener mejor seguridad en las áreas de trabajo, así como también aumentar la producción de la empresa. El aplicar 5S puede lograr un incremento del 10% en la productividad luego de completar el programa 5S. En la Figura 64 se muestra un ejemplo de aplicación 5S.

Figura 64. 5´s Antes y Después

## Conclusiones

El apoyo que se realizó dentro de la empresa, durante las estadías profesionales, no se realizó ningún proyecto específico, el proceso de estadías fue para realizar distintas actividades en las áreas de procesos de producción.

Una de la actividad fue el muestreo de producto terminado el cual se realizó a distintos productos, estos para conocer su peso, volumen, el número de piezas enteras y quebradas. Asimismo, se hicieron cacheos en el área de extrusión.

También se llevó a cabo la aplicación de 5S la cual se realizó dentro de la planta donde se lleva a cabo el proceso de producción, así como también en el área de oficinas en este caso solo fue en las de costos de producción. La metodología agrupa una serie de actividades que se desarrollan con el objetivo de crear condiciones de trabajo que permitan la ejecución de labores de forma organizada, ordenada y limpia.

En las actividades realizadas también se hicieron pruebas de humedad y obtener el rendimiento de película, estas actividades son realizadas constantemente por calidad, en algunas ocasiones apoye para realizar estas actividades.

Realizar LUP (Lección de un Punto) fue otra actividad, son hechos para que los operadores puedan entender mejor los mensajes que se quieren dar a conocer, por tal deben contar con información concreta y entendible, usando términos que sean fáciles de aprender y recordar, estos se realizaron de las distintas áreas como mantenimiento, calidad, enfermería, entre otros.

Entre las actividades realizadas, está la supervisión en la línea de cacahuate que al ser una línea nueva en la cual se estaban haciendo pruebas, se revisaba que la línea estuviera completamente limpia, esto se realizó para que se tenga un peso más aproximado de lo que se está produciendo en cada prueba, en la misma línea se realizó la toma de tiempo de todo el proceso por el que pasa el cacahuate. Igualmente se tomó peso y tiempos de las dos etapas con las cuales esta cuenta.

También se hicieron diagramas de flujos de proceso, estos son una herramienta para representar los diferentes procesos, los diagramas realizados fueron hechos para observar el programa de notificación de materia prima y producto terminado, esto para agilizar el proceso.

En algunas de las actividades se pueden observar los resultados de estas los cuales se encuentran en el Capítulo V, un ejemplo es donde se realizó muestreos de producto terminado los cuales en sus resultados se puede observar que las piezas enteras tienen un mayor porcentaje lo cual refleja un buen proceso.

Otra de las actividades que cuenta con resultados es el cacheo, el cual se realizó en área de extrusión, se toman como mínimo cinco muestras para después por medio de una formula calcular un aproximado de los kilogramos por hora que se producirán. Además de con los cacheos se puede observar si el proceso está yendo bien, pues alguno de los defectos más comunes en extrusión es la deformación.

La realización de pruebas de humedad para conocer el peso del producto que pierde al entrar a cada proceso, por lo general son realizadas por el departamento de calidad. La Norma Oficial Mexicana NOM-116-SSA1-1994. En la que se establece que es de observancia obligatoria en el territorio. En el caso de Comercializadora GONAC S.A de C.V. en la cual es una industria alimenticia, es necesario realizar estas pruebas Cada producto al cual se le realizan pruebas tiene un rango ya determinado en el que debe estar, si no se encuentra dentro del rango reflejan mal estado en el proceso, y se debe para la producción.

Las distintas actividades realizadas en las diferentes áreas de la empresa como línea de cacahuate, extrusión, condimentado, e incluso oficinas de costos, fueron hechas con el fin de hacer mejoras y dichas áreas puedan ser más eficientes.

En la empresa donde se realizó estadías, no se llevó a cabo un proyecto específico, sin embargo, se realizaron distintas actividades en las áreas de procesos de producción. Por lo cual se cumplió con los objetivos establecidos en el Capítulo I. Dado que en el área donde me encontraba dentro de la empresa, enfoca muchas áreas a las cuales se les apoya y ayuda en los diferentes problemas que lleguen a surgir en las áreas. Así como también se llega a supervisar que las áreas estén haciendo bien sus actividades, y en caso de lo contrario corregir, todo con el fin de una mejor productividad.

# Referencia bibliográfica

Aldavert, J., Vidal, E., J. A., & Aldavert, X. (2016). Guia práctica 5S para la mejora continua. CIMS.

Chapman, S. N. (2006). Planificación y control de la producción. México: PEARSON EDUCACIÓN.

Cultural, M. d. (1997). Industrias Alimentarias I. Madrid: Ministro de Educaión y Cultural.

Escalante, A., & González, J. F. (2015). Ingeniería industrial: metodos y tiempos con manufactura ágil. México: Alfaomega.

Galloway, D. (2002). Mejora continua de procesos. Madrid: Gestión 2000.

Juran, J. M. (1996). Juran y la calidad por el diseño. Madrid: Díaz de Santos.

JVL, J. (2002). Ingenieria Industrial y Procesos. España: MC Grand Hill.

Meyers, F. E. (2013). Estudio de tiempos y movimientos para la manufactura agil. Prentice Hallvperson.

Meza, C. (1996). Contabilidad: Análisis de cuentas. Costa Rica: Universidad estatal a distancia.

Míguez, M., & Bastos, A. I. (2006). Introducción a la gestión de stocks. España: Ideas propias editorial.

Montes, M. (2017). Club Responsables de Gestión de Calidad. Obtenido de Club Responsables de Gestión de Calidad: https://clubresponsablesdecalidad.com

Quesada, M. d., & Villa, W. (2007). Estudio del trabajo. Medellin : ITM.

Sacristán, F. R. (2005). Las 5S orden y limpieza en el puesto de trabajo. Madrid: FC EDITORIAL.

Vilar, J. F., Gómez, F., & Tejero, M. (1997). Las siete nuevas herramientas para la mejora de la calidad. Fundacion Confemetal.

Vivanco, M. (2005). Muestreo estadístico. Diseño y Aplicaciones. Santiago de Chile: Universitaria.

Zuñiga, E. (1957). Manual de evaluación de extensión. Costa Rica: Instituto Interamericano de Ciencias Agricolas de la OEA.

# CURRICULAR DE LOS AUTORES COORDINADORES

 José Víctor Galaviz Rodríguez, Profesor Investigador T.C. Titular "B" Universidad Tecnológica de Tlaxcala. Responsable del Cuerpo Académico Ingeniería en Procesos UTTLAX-CA-2. Adscrito a la Carrera de Ingeniería en procesos y Operaciones Industriales. Miembro del sistema Nacional de Evaluación Científica y Tecnológica RCEA-07-26884-2013. Área 7 Ingeniería e Industria. CONACYT. Doctorado en Planeación Estratégica y Dirección de Tecnología, con mención Honorifica por Investigación en la Universidad Popular Autónoma del Estado de Puebla (UPAEP)

 Jonny Carmona egresado en el año 2010 de la carrera de Ingeniería electrónica del Instituto Tecnológico de Apizaco con la especialidad de Automatización e Instrumentación. Durante 2010-2015 trabajo como Ingeniero Eléctrico en la empresa MIF desarrollando proyectos eléctricos para la industria acerera. En la actualidad desde el año 2013 se encuentra desempeñando como docente en la Universidad Tecnológica de Tlaxcala en la carrera de Mantenimiento Área Industrial, En el año obtuvo el grado de maestro en ingeniería con la especialidad en Automatización y Control, A participado en la redacción de varios artículos en revistas internacionales y certificado Curso CATIA V6 Mechanical Design Fundamentals por parte de Dassault Systemes y certificado en el estándar EC0076 Evaluación de la Competencia de Candidatos con base en Estándares de Competencia por parte del Consejo Nacional de Normalización y Certificación de Competencias Laborales y la certificación del estándar EC0301 Diseño de cursos de Formación del Capital Humano de Manera Presencial Grupal, sus instrumentos de evaluación y manuales de curso.

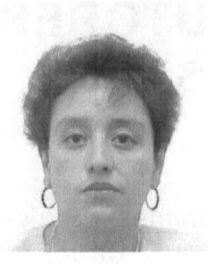

Noemí González León, trabaja como docente en el Instituto Tecnológico Superior de la Sierra de Norte de Puebla; Licenciada en Computación (UAEH, 1999), tiene una especialización en Sistemas y Planeación (UAEH, 1999). Tiene una Maestría en Dirección Escolar (CLAP, 2007). Estudió el Doctorado en Ciencias en Sistemas Computacionales y Electrónicos en (UATX, 2015- 2018), es Experto Universitario en Energías Renovables y Eficiencia Energética por parte de la Universidad Politécnica de Catalunya, Barcelona, España (2017); Ha desarrollado servicios para la industria (documentación para software de facturación electrónica para la industria hotelera), proyectos de investigación (Aplicaciones robóticas para procesos industriales, procesos de control inalámbrico nacional, sistema de riego, agua ionizada automática, sistema híbrido, Seguro de remolques, entre otros), Cuenta con perfil PRODEP y es miembro activo del Cuerpo Académico Ciencias de la Ingeniería con clave ITESNP-CA-1; participa activamente como profesora de tiempo completo en la División de Tecnologías y Sistemas de Información y es gestora de su Institución ante la industria de su región.

Maestra en Ciencias por el Centro de Investigación y Estudios Avanzados del Instituto Politécnico Nacional. Profesora Asociada "C". Responsable del Cuerpo Académico en Consolidación ITSSNA-CA-1 "Tecnología y Automatización de Procesos" y Presidenta de la Academia de la Carrera de Ingeniería Industrial del Tecnológico Nacional de México/Instituto Tecnológico Superior de la Sierra Negra de Ajalpan. Es inventora de la máquina sembradora semiautomática con rodillo patentada ante el Instituto Mexicano de la Propiedad Industrial. Es evaluadora del Sistema Unificado Promep (SISUP).

www.ingramcontent.com/pod-product-compliance
Lightning Source LLC
Chambersburg PA
CBHW021427170526
45164CB00001B/135